献礼二十大，青春工匠行

行走中的
工匠精神

（第一册）

晏　萍　郑宇钧 主编
丁国栋 副主编

上海交通大学出版社
SHANGHAI JIAO TONG UNIVERSITY PRESS

内容提要

本书是"行走中的工匠精神"专题访谈实践活动的凝练集合,也是传递校友等社会精英奋斗纪实的开篇之作。全文集采用"沉浸式"教学互动模式,围绕工程技术、管理服务、励志求学和访谈感想四个维度展开,以个人陈述为主要内容向读者输出情绪价值。本书的初心是一方面全心为学生服务,从入学启蒙教育、"三观"树立过程指引、就业择业指导及个人价值实现,面面俱到,致力学生全面发展;另一方面鼓励社会资源反哺校园发展,以自身经历鼓舞学生,帮助学生解惑,助力学生成长成才。

图书在版编目(CIP)数据

行走中的工匠精神. 第一册/晏萍,郑宇钧主编;
丁国栋副主编. 一上海:上海交通大学出版社,2023.4
　　ISBN 978 - 7 - 313 - 28364 - 1

　　Ⅰ.①行…　Ⅱ.①晏…②郑…③丁…　Ⅲ.①职业道
德一研究一中国　Ⅳ.①B822.9

　　中国国家版本馆 CIP 数据核字(2023)第 038094 号

行走中的工匠精神(第一册)
XINGZOU ZHONG DE GONGJIANG JINGSHEN(DI-YI CE)

主　　编:	晏　萍　郑宇钧			
出版发行:	上海交通大学出版社	地　　址:	上海市番禺路 951 号	
邮政编码:	200030	电　　话:	021 - 64071208	
印　　制:	上海景条印刷有限公司	经　　销:	全国新华书店	
开　　本:	710mm×1000mm　1/16	印　　张:	20.25	
字　　数:	310 千字			
版　　次:	2023 年 4 月第 1 版	印　　次:	2023 年 4 月第 1 次印刷	
书　　号:	ISBN 978 - 7 - 313 - 28364 - 1			
定　　价:	78.00 元			

编写组成员

毕杨意　马骋娜　刘绵琦

主翔宇　秦　昊　姚　佳

邓德华

序

　　吴淞炮起,风光披靡,百十年间,未曾停息。几许春秋,张闻天先生"真理在谁手里,就跟谁走"的呼喊依旧磅礴,张镠先生"国事衰微,更应办学自救"的初心依旧坚定,张謇先生"渔界所至,海权所在也"的情怀依旧热忱。四季变换,海大的魅力被众多鸿儒之士释放无限,中国水产事业奠基人侯朝海先生心系国家富强和民族振兴,主张"水产教育以谋水产业之改良及发展为目的",为中国水产教育鞠躬尽瘁,穷尽一生;中国鱼类学家朱元鼎先生重视渔业教育,战火年代,革除纷扰,潜心研究,摸清了中国沿海鱼类资源的种类和区系分布,为我国开发和利用海洋鱼类资源作出了巨大贡献,在涌涌奔腾的巨浪中,百十载的雨骤雷鸣中,海大人的风骨、不屈、智慧、勤劳、魄力、英姿和拼搏精神熠熠生辉。

　　源始至今,上海海洋大学已发展为一所多学科覆盖、专业特色鲜明的"双一流"建设高校,有着坚实的办学理念和卓越的培养体系,育人桃李更是芬芳天下。"海大人"秉承"勤朴忠实"校训,正用脚步丈量着世界的大海大洋,正将论文写在祖国的江河湖泊上,极尽忠诚务实、担当作为。上海海洋大学工程学院于1956年在渔业系的机电和力学两个教研组中萌芽,2006年在机电工程系和工程基础系基础上正式揭牌成立,在立足服务国家战略，聚焦支撑学校"双一流"学科建设，服务临港新片区新兴产业与人才需求，面向长三角的人才培养中，不断开拓，踔厉成长，为国家培养了一批又一批的优秀青年。2022年，恰逢海大建校110周年，我们"工程人"一直在学习新思想、践行新理念、展现新作为，抓机遇、促改革、求发展，弘扬工匠精神，做好"肩负学校发展"的重要角色。

为献礼海大百十风华，我们紧跟时代风向标，通过"沉浸式"互动模式，开展"行走中的工匠精神"专题访谈，组织优秀团队、配备强力资源奔赴全国各地采访工程校友和社会劳模，听见声音、发现故事、传递感动。希望以此文集助力海大在新征程中劈波斩浪，勇毅前行；同时，激励工程学子展青年人的智气、睿气和朝气，体悟工匠情怀、领会人生秘钥、磨砺自我成长。在此也衷心感谢为本文集辛勤付出的上海海洋大学工程学院师生志愿者团队的伙伴们。

上海海洋大学工程学院党委书记

2022 年 10 月 20 日

目录

第二篇章　管理服务篇

第三篇章　求学励志篇

第四篇章　访谈感想篇

行走中的工匠精神

第一篇章　工匠技术篇

1. 陆 明

一路艰辛终成果，未来可期

陆 明

男，上海海洋大学 2017 级机械设计制造及其自动化本科生，目前在日立电梯(上海)有限公司工作。曾获上海海洋大学"优秀团员""优秀学生""优秀学生标兵"荣誉称号，获 2020 年度侯朝海专项奖学金。自大二进入实验室以来，积极参与各类赛事，曾获第一届上海"新特杯"数字化创新设计大赛三等奖、第四届上海市大学生创客大赛二等奖、全国三维创新设计大赛上海赛区二等奖和一篇实用新型专利。

抓住机会

陆明从大二开始便利用假期时间，通过网络平台寻找兼职机会，从事过各式各样的工作，有丰富的求职经历，但受到疫情的影响，2020 年就业前景凄凉，陆明通过网络平台投出的简历如石沉大海，杳无音信。外在就业形势严峻，学校常年积累的就业资源优势便显现无疑，日立、华虹、贝斯特等优质企业借助学校平台发布求职信息，招贤纳士。此刻还在为工作焦急的陆明抓住机会，将简历投向了日立电梯（上海）有限公司。

过关斩将

投出简历后不久陆明便参加了线上笔试，笔试题目考查范围广，涵盖知识点足，但陆明答得游刃有余，这是因为他大学四年积极主动，勤思好问，始终将学习放在首位，"早八晚十"的固定作息使他各科成绩优异，其中数学、力学、电学等基础课程更是尤为突出，因此突出重围是板上钉钉。

通过笔试后，陆明没有骄傲，而是一心准备面试，时常与老师和已毕业的学长交流，询问面试技巧，面试分为两次：第一次面试采用群面的形式，十人一组。"当时一面刷人很严重，我那个组全是研究生，就我一个本科生，可能对我而言相对比较困难一些，有点压力，第一次面试完心情还是比较灰暗，十分担心通不过"，陆明回忆说。但天道酬勤，平时的努力换来的是此刻的精彩表现，当略带失落的陆明接到对方 HR 的第二次面试通知时，他欣喜若狂，难掩内心的激动。第二次面试，陆明嘴角洋溢着自信的微笑，眼神透露出对未来的自信，一切应答自如，一路艰辛终成果。陆明说，接到 offer 的那一刻感觉未来可期！

寄语未来

"对于人生，路不止有一条，条条大路通罗马，只要是自己认定的，再艰辛也要走下去，求职是一个展现自我的机会，要多去尝试。首先，一定要有明确的人生规划，对自己的职业安排有初步的想法；其次要注重培养做事能力和沟通能力；最后就是学习千万不能落下，公司非常看重你在学校的个人履历。一定要把握大学四年的时间和平台，让自己成长起来。"陆明寄语学弟学妹们。陆明的求职之路跌宕起伏，但成功早已预见，从入学"早八晚十"的固定作息时间，始终把学习放在首位的态度，到统筹理论和实践关系，不断通过课余时间参加科创磨砺自己，这一点一滴都早已为他的未来铺好了石板路！

2. 杨 香

历经苦寒,梅香扑鼻

杨 香

　　女,中共预备党员,上海海洋大学2017级机械制造及其自动化专业本科生,曾任上海海洋大学勤管微信公众号规划处助理,多次获得上海海洋大学人民奖学金。大学四年来积极参与科创赛事,在上图杯、"互联网＋"大赛中都有卓越成绩。目前她在中船黄埔文冲船舶有限公司工作。

青春不畏冷秋,梦想不惧严寒

　　杨香出生于贵州省盘州市的农民家庭,自小生活条件艰苦,时常有吃不饱、穿不暖的情况,受教育环境更是极差,师资落后、物资短缺,甚至会有同伴无法接受完整的义务教育。虽然条件异常艰苦,但她还是奋发向上,努力学习,充实着自己,等待着机会。

　　"百姓生活有奔头,居住环境有念头,教育差距有想头。"2015年国家对盘州市的政策就如龟裂大地渴望的一场及时雨,滋润了盘州市近乎所有人,尤其莘莘学子,杨香就是其中之一。高考结束后,又得到"你只管拿着录取通知书去报道,剩下的有国家"的霸气承诺。杨香在回忆时依旧神采奕奕、满怀感激,她说是国家的助力才让梦想发芽开花。她也终于没有辜负国家和家庭,更没有辜负自己,在一路荆棘中浴火重生。

磨剑二十载,今日露锋芒

初到上海,眼前的繁华让她大开眼界,同时也坚定了自己想要的未来。四年间,她竞选班干,进军社团,生怕给自己的青春留一丝遗憾。在打牢理论基础的同时,也非常注重能力的培养,在老师的带领下,积极参与科研赛事,能吃苦,不服输的劲头让她多次获奖。学习给了她无尽的底气,科创给了她宽广的视角,她逐渐学会打破常规,多元发展,她坚信"虽不能决定出身,但可以决定人生"。

她脚踏实地、一步一个脚印。生活费不够,就去勤工助学;学费不够,就想办法在假期实习实训。勤朴忠实,奋发向前。一步入大四,便开始留心工作相关事宜,关注学校就业平台发布的招聘消息、对适配度高的企业积极投简历、勇于试错等等,在多次的摸爬滚打中积累了扎实经验,这些面试经验和大学四年打下的根基让她在之后的面试中脱颖而出,科大讯飞、苏尔寿等知名企业都向她投来橄榄枝,在综合考虑并实习体验后,最终选择签约中船黄埔文冲船舶有限公司。

寄语未来

"首先,大学期间要丰富经历,我觉得行之有效的方法是看别人的简历内容,根据他人简历上所呈现的去思考自己能做些什么,学些什么;再者,一定要珍惜校园时光,不要荒度,要充分利用学校的平台和资源,做实事,莫要'少壮不努力,老大徒伤悲';最后,希望学弟学妹们感恩国家和社会,造就一身好本领,争做社会有用人。"杨香这样寄语学弟学妹们。

宝剑锋从磨砺出,梅花香自苦寒来,走过逆境,终将会柳暗花明!

3. 张项羽

有志者，事竟成

张项羽

　　男，上海海洋大学 2017 级机械设计制造及其自动化专业本科生，毕业后，他在中船黄埔文冲船舶有限公司工作。他曾获上海海洋大学"优秀团员干部""社会工作积极分子"荣誉称号，曾多次获上海海洋大学人民奖学金。大学四年积极参与各类科创赛事，获第十二届 iCAN 国际创新创业大赛上海浙江分赛区一等奖；全国三维数字化创新设计大赛龙鼎奖，上海赛区一等奖；"汇创青春"上海大学生文化创意作品展示活动二等奖；上海"新特杯"数字化创新设计大赛二等奖。

坚定初心，勇往直前

　　大学期间，张项羽团结同学、乐于助人、积极学习的态度受到老师们的赞许。大一时，他就积极跟着老师或者学长学姐们一起参加科创项目，并且对科创很感兴趣。此后的大学生活中，除了大学的课程外，他全身心投入科创领域,刻苦钻研,经常学习到深夜,白天和老师或同学们积极交流,同时不忘锻炼自己的动手实践能力,不懈的努力让他在之后的各项大赛中斩获佳绩。这些科创的经历也为他现在的工作打下坚实的基础。

脚踏实地,拨云见日

面对毕业选择,在决定参加工作时,张项羽便开始在校招中投递简历,在一次中船黄埔文冲船舶有限公司的宣讲中,他看到了船舶行业的再次兴起,决定进入这家军工国企,为祖国的国防事业做出贡献。在 6 个月的实习时间中,他努力学习与船舶设计相关的知识,虚心求教师傅与其他同事,努力成为一名合格的船舶设计师。他在分享工作体会时说:"当你进入一家公司后,先要找一个优秀的人当榜样,为自己定一个人生规划,三到五年内要达到什么程度,比如说在一年内成为助理工程师,三年内成为主管等等,然后向着这个目标奋斗,这样便不会迷茫。"

打不倒你的终究会使你变强大

"希望学弟学妹们对自己的大学生活有个合理的规划,在大三时一定要明确考研或是工作,若是要考研,一定要提前准备,若是工作,一定要想好自己要从事什么行业,这些都要想清楚,想明白;此外,不要好高骛远,专业课无论是对考研还是工作来说都是十分重要的基础知识,不要认为眼前用不到就排斥它,等要用了才后悔自己当时没有认真学习。总之,要脚踏实地,一步一个脚印,更不要产生盲目的攀比心理,只要是今天比昨天进步了,哪怕是一点点,对于自己来说,就是一个伟大的收获!"张项羽这样寄语师弟师妹们。无论是在求学还是工作的路上,都会遇到大大小小的挫折,我们一定要自信,相信"那些打不倒你的终将会使你变强大!"

4. 张洋

前路有光，仍需努力

张 洋

男，上海海洋大学 2015 级机械设计制造及其自动化专业本科生，在上海海洋大学学习期间，他曾多次获上海海洋大学人民奖学金。毕业后，他在雅芳（中国）有限公司工作，现任包装工程师，主要负责新品包装及开发。

与海大相遇，在海大逐梦

2015 年的秋天，张洋与海大初次相遇。"蓝天白云下掩映的波光粼粼的湖水，清新的空气，傍晚地平线上绚烂的夕阳，青砖白瓦筑起的楼宇"是张洋对于海大的第一印象，"这便是我未来要追逐梦想的地方"。在海大的四年时光中，他遇到了和自己志趣相投的朋友，他们一起努力、共同进步。在大一到大三这三年中，他积极参加学校组织的活动，包括科创竞赛、运动会、辩论赛、篮球赛等活动，一起为学院的建设添砖加瓦。同时，他也遇到了许多良师,在毕业时,他们为他提供了关于未来发展的参考计划与许多值得采纳的入职建议。"我很感谢帮助过我的所有人,我能走到今天离不开他们的帮助",张洋聊起他们时说道。

砥砺前行,走上理想职场

"前方有光,路还很长,即使我已经走上了我理想中的职场,但我不能仅仅安于现状,应该继续努力,不断进步。不拼搏,不青春,不是吗?"张扬说道。他告诉我们面对挫折、面对困难,更应该整装待发,继续努力。勇敢地面对困难,才是战胜困难的第一要义。我们会经历许多困难,这是人生中必须要经历的,也是我们必须要克服的。

张洋在本科毕业后进入了雅芳(中国)有限公司实习,在经历实习期后,他成功留了下来。他谈到自己并没有从事与自己专业相同的工作时,是这样说的:"我认为每种工作的内核都是有相同之处的,面对任何工作,我们能做的第一点便是认真对待。不用为自己的专业不符合职位而感到自卑,许多人从事的工作并不与他们大学的专业相关。但相比于那些同专业的毕业生,我们的竞争力可能会不足,因此更要做好虚心学习的准备。"在工作过程中,张洋不断地学习,从同事、上司身上汲取工作经验。首先,及时完成自己手上的工作是重中之重,但也要注意完成工作的质量,欲速则不达。其次,要处理好工作关系,人际关系的处理也是工作中的一门必修课。最后,也就是最重要的一点,要不断地学习、进步,踏实肯干、不断积累工作经验,努力奔向自己所期望的未来。

回首奋斗岁月,寄语学子

首先,学弟学妹要对自己有一定的要求,不能一味地放纵自己。享乐、游戏不能占据着我们全部的大学时光。在平时的学习生活中,要养成良好的学习习惯,争坐教室前排、争做图书馆"熟人"。其次,希望学弟学妹要学好专业课与英语课,增强求职时的竞争力,以便在毕业求职时能从容应对。在企业中专业能力与英语能力都是非常重要的,不同企业对英语能力的要求不同,但也并不是毫无要求。最后,学弟学妹们要及时规划未来,考研和就业都是不错的选择,考研可以拓宽视野,提高能力;就业可以激发潜力,创造无限可能。学弟学妹们身为海大工程学院的学子,更要秉持着"工匠精神"的信念,对每件事都保持着自己的热爱与追求,并为之不懈奋斗。

回望青葱岁月,寄语海大

不知不觉海大已经建校 110 周年了,从我上学到我毕业再到现在,我能看到海大、看到我们工程学院一步步地在走向更好,我为学校的进步而感到自豪。我由衷地希望在今后的生活与工作中,也能和海大一起共同进步。祝海大 110 周年校庆快乐!

5. 陈欣怡

明确目标，做足准备，不打无准备的"仗"

陈欣怡

女，上海海洋大学 2016 级机械设计制造及其自动化专业本科生，2020 年毕业，现于上海大学攻读硕士学位，从事医工结合领域研究，主要涉及的是医疗机器人的设计与研究。

校园初印象，温情暖人心

陈欣怡说："海大对所有的学生都有着深切的关怀。"她对学校的各方面印象都很深刻，从刚入学时感受到学长、学姐们迎接的热情，到学校性价比高、味美价廉的食堂，再到对学生和蔼可亲、尽职尽责的老师们。她觉得本科课程中，机械设计和工程制图是她觉得最受用的两门课程，这也得益于老师的教导和鼓励。陈欣怡觉得海大在疫情防控方面做得很好，就像她在老师们朋友圈看见的那样：疫情期间，老师们与同学们共同守护海大，坚守在海大抗疫的第一线,学校在后勤保障方面也做得非常好,合理掌控老师、后勤工作人员与学生之间的配比,因此在疫情期间,学校基本上没有出现物资短缺以及人力不足的情况。

准确定位,绘制规划

"本科阶段与研究生阶段的学习还是有很大区别的。"陈欣怡认为,本科期间最主要的就是完成课程的学习,并通过考核,这段时间一般都是老师给予明确任务,学生在规定时间使用成熟的方法完成确定任务的过程。而研究生阶段最重要的是靠自己在众多的论文中找到关键点、创新点,但是经常会像无头苍蝇一样找不到正确方向,这很考验个人的归纳和整理能力。作为一名保研的学生,陈欣怡在保研的道路上很有心得:"想要保研,就得更加注重各科成绩的学习与各种比赛的积累。"作为一名研究生,陈欣怡觉得研究生阶段的学习需要考虑到日后的职业发展规划,要明确自己希望读博还是打算参加工作,因为自己的规划不同,努力的方向也会有所不同。

深情寄语海大学子

"希望学弟学妹们提早明确未来的发展规划。"陈欣怡觉得,早点明确自己未来的方向对本科生或者研究生期间的学习很有帮助。如果有继续深造的想法的话,就要看往年的师兄师姐所报的院校,了解学校的报录比以及专业课情况;如果希望保研,那就要努力学习各门课程,提高绩点,同时也要多参加各种比赛;如果希望毕业后就参加工作,就要积极学习专业技能,比如画图软件、专业课的学习,要了解拥有什么样的技能可以匹配什么样的岗位。总之,"一旦确定目标,就要提前做好准备,做足准备"。对于海大110周年校庆,陈欣怡说:"希望母校越来越好,希望能够吸引更多优秀的老师,提高教学质量,这样也能吸引更多优秀的学生,为母校增添光彩。"

6. 汤健锋

孜孜不倦，奔赴梦想

汤健锋

　　男，上海海洋大学 2016 级机械设计制造及其自动化专业本科生，2020 年毕业，现就业于汕头招商局港口集团有限公司，担任技术工程师一职，公司的服务对象是港口运输服务行业。

学校印象

　　在初入校园的时候，汤健锋就惊叹于学校优美的生态环境，无论是河流、湖泊还是海风，同时，学校的教学措施比较先进，宿舍环境良好。大学期间令他印象最深刻的就是教授自己机械制图课程的毛文武老师，老师和蔼可亲，认真又严谨，在学习上给汤健锋很大的支持和帮助。除此之外，汤健锋觉得学校的管理制度都非常不错，他在公众号和朋友圈关注到 2022 年学校在疫情期间做出的一系列防疫举动，安排志愿者做核酸检测，送爱心餐等等,展现出了学校的人文情怀。

工作生活

"认真学习与自己专业相关的知识。"对于汤健锋而言,从事机械作业,首先就要掌握机械制图,掌握机械的相关基础知识,除此之外,还要增强自身的学习能力,进入职场后一定要更加认真地学习。

"要多与领导、同事交流。"汤健锋谈道,学生时代和工作的时候是不同的。学生的生活是比较规律的,只要完成好期末考试就可以了,还会有补考的机会,但是在工作中必须要配合部门领导的要求和任务,尤其是年底的KPI考核要达标,工作中的任务必须想方设法地完成,这和学生时代的压力是不一样的。最重要的就是在工作中加强与领导、同事沟通,日常多向前辈学习,积累经验。

校友寄语

"希望学弟学妹们在大学四年中,不要荒废时光,在大三的时候,一定要对自己未来有一个清晰的规划,提前做好部署,上课老师说的重点,一定要记住!希望我们的上海海洋大学不止双一流,还要各个学科都一流。希望学校越来越美丽,生态越来越好,学生越来越棒,我们不仅要走出海大,还要面向世界,走向未来。"

7. 张嘉倩

跳出舒适圈，尝试更多可能

张嘉倩

女，上海海洋大学 2013 级机械设计
制造及其自动化专业本科生，目前在中
国电子科技集团第五十研究所传输装备
终端研发部，从事结构设计工作。

海大初印象

她对母校的第一印象来源于当时从 1077 公交车上下来，看到校园的
第一眼，"当时就觉得周围的环境十分干净清爽，再加上我们学校风格鲜明
的教学楼，简直就像是一幅风景画"。对于这个她即将要生活四年的地方，
张嘉倩充满了期待，"学校的教学楼、图书馆，还有宿舍的住宿条件、餐厅、
运动场馆等等，在一开始都给了我一种方便且舒适的感觉。这也使得我能
够以更好的状态投入大学生活。海大校园为我的学习提供了非常好的基

础支撑"。

好师伴我行

"其实有很多课程和老师都给我留下了深刻的印象,不过要说最先留下深刻印象的一定是毛文武毛老师。"提到给她留下印象最深的老师时,张嘉倩这样说道。

毛老师的机械制图是她们最早接触的和专业相关的课程,他严谨的教学风格、深入浅出的教学方式让同学们在专业上打下了非常坚实的基础。之后她还跟着毛老师多次参加过上图杯计算机图形绘制大赛等其他重大比赛,可以说在整个大学四年的学习当中都有毛老师的教育指导,这对她产生了非常深远的影响。

就业提前看

提到张嘉倩所学的专业时,她是这样说的:"因为我是机械专业,机械专业作为老牌的工科专业来说,与它专业对口的技术岗位无非就是仿真模拟,设计研发和工艺这几大类。但机械专业它本身算得上是一个万金油的专业,在招聘的时候,几乎每家单位都会有一定的需求,但你不能局限于传统的机械类的技术岗位。所以说找到你心目中的好工作还是有一定难度的。"虽然现在传统机械行业面临着严峻的现代化转型的问题,但在张嘉倩看来,这虽是低谷,但是也会有很大的机遇,如果抓住这个机遇,然后在这个行业里面沉淀下来,就会有非常广阔的一个发展前景。

对于还在学校学习的学弟学妹而言,张嘉倩认为首先要明确自己对于好工作的定义是什么,然后看这个好工作的要求到底有什么,才能够有针对性地去学习相应的专业技能。对于想要读研或者是读博的学弟学妹来说,也是要根据自己以后的职业规划和兴趣爱好有针对性地去选择自己的研究方向。

海大祝福语

"首先肯定是要感谢母校的教育和栽培，使我度过了非常难忘且充实的大学时光。希望母校能够越办越好，然后加快推进落实双一流建设，能够全面提高学校的综合实力。最后，也祝母校110周年生日快乐！"

8. 吴承祖

明确定位，无畏前行

吴承祖

男，上海海洋大学2014级机械设计制造及其自动化专业本科生，2018年6月完成本科阶段学业获学士学位。2021年6月于上海理工大学获硕士研究生学历。在本科期间多次获得上海海洋大学人民奖学金二等奖、三等奖，以及"优秀学生"等称号。目前任职于特斯拉，担任工艺工程师。

回忆海大青春经历，欢笑常伴

"我刚刚进入海大时，觉得建筑宏大，校园宽敞明亮，一切都是那么新鲜。尤其是海大的晚霞实在是太美了，春去秋来，年年晚霞相似却又有所不同，每次看到都能感觉有了新的希望和盼头。"在回忆起对海大的印象时吴承祖这样说道，"记得大三有一次和室友一起去桃园偷桃子吃，那段时光真的是无忧无虑也充满青春色彩"。每次和好友结伴同行的日子就是最快乐的时光，海大的点点滴滴都刻入脑海中，久久不能忘怀，成为青春中最亮丽的色彩。

明确目标院校,提早规划,一战上岸

"考研必然是一个重要的选择,代表了学生对大学学业更进一步的决心,以每年的考研人数来看,考研的热度还是在不断上升。"相对于本科生而言,吴承祖认为研究生在毕业寻求工作方面的机遇和待遇必然比本科生优秀,因为学术水平有较大的提升,但是同时也意味着我们每个人需要付出百倍的努力参加研究生考试,故而个人的目标和实力更需要相互匹配。吴承祖并没有设立一个非常高的目标,而是根据自己的状态和学习能力综合评定,得出了目标院校,最终一战上岸。清晰自己的能力,提早规划好将来,何尝不是青春中最重要的环节呢?

提到工匠精神,吴承祖有自己独到的理解:"工匠精神首先就是一种精益求精的态度。在行业中体现为以低成本换取高质量的方式进行与客户的交互,在双赢的前提下确保公司与客户享受最大的利益分配。在岗位上体现出的工匠精神就是加速世界对于可持续化新能源的转变,在当今社会需求和国家未来发展中,可持续化的新能源无疑是一种最大的机遇也是挑战,新能源是一个新的风口板块,整个国家和政策都在引导行业和生活进行能源转型。

感生活不易,时光荏苒,寄语学子

"在毕业工作后必定会为生活上的琐事奔波烦恼,这是在校学生无法想象的。在校期间还会有对未来的懵懂和憧憬,而毕业之后则会完全面对现实。""我们将充分意识到,现实会给我们沉重的打击,所以我们应该好好把握住在校的时光,对未来有所展望,制订好目标。"在大学的生活中无论如何拼搏努力,总会留下些遗憾来不及弥补,"我们应该明白遗憾是必然,青春就是用最靓丽的画笔在纸上抒写希望,填满遗憾"。吴承祖这样勉励学弟学妹:"毕业前尽量不要给自己留下遗憾,在毕业之后应当恪守本分,努力做好属于自己的一份事业,这份事业可以不大,也可以默默无闻,但是正如匠人精神所言,不要太在意他人的眼光,做好自己该做的,十年如一日,在每个决定上深思熟虑,在每个问题面前从容应对,交出自己最满意的答卷。"

9. 程敏杰

打破界限，尝试更多可能

程敏杰

女，上海海洋大学 2017 级机械设计制造及其自动化专业本科生，华东理工大学研究生。研究生毕业后就职于北京发那科机电有限公司，工作一年半后跳槽，现就职于上海大界机器人科技有限公司研发部，担任视觉算法工程师，主要负责视觉算法测试及算法研究等。

回忆海大印象，感恩海大老师

"海大的天空很蓝很好看，晚霞很美，这是在上海其他地方很难看到的，每当回忆起大学时光总会翻开相册去回味。"在提及对海大印象时程敏杰这样说道。在大学期间，程敏杰遇到了很多良师益友。她表示："我非常感谢我的毕设导师田中旭老师，毕业之后他还总在微信群里关心我们大家的工作生活等；还有教比较难的专业课的宋秋红老师，他特色的东北普通话能让大家在课上集中精力。那会儿他家小孩才一岁多，但是宋老师总是自愿给大家晚自修答疑,贡献了自己很多休息时间,我们都铭记在心""我也很幸运有志同道合的伙伴,当时和他们一起去图书馆学习,因此考研的路上不觉得辛苦。"

转行进入新领域,不断进步

起初的工作相比于现在更轻松一些,但是程敏杰表示自己更想打破界限,尝试一些新的可能。"在这个过程中我会有很多的思考,虽然有各方面的压力,但是实质性迈出那一步的时候,会发现其实没有很难。虽然现在的工作过程更晦涩,但是在慢慢地学习,慢慢地逐一攻破之后,就会变得更充实,获得更多的满足感。在快节奏的生活中静下心来去体会进步是我现在追求的。"程敏杰提及,现在的工作会用到 C++ 等编程的东西,虽然表面看似和机械无关,但是与机械相关的知识都是嵌在其中的,编程只是个最终的工具,前期的很多工作都和以前学的内容有关。在学习途中,最主要的是看能否学进去,最重要的是在这个过程中提升自我的理解力、学习能力等。

提到工匠精神,程敏杰说道:"我理解的工匠精神就是对待每一件事情的热情和认真,遇到不懂的主动去问,或是通过线上的吸纳学习,用心去落实,最终把这件事情做好。在每一次学习的过程中去体会和做好每件事情,其中学习的过程和最终的结果,就是工匠精神的体现。"

重温学生时光,寄语海大学子

"好好珍惜大学里纯粹的时光,多尝试些新的东西,无论是科创还是参加比赛,或是多拓展自己的兴趣,明确自己以后真正想要做什么。学弟学妹们在该玩的时候还要好好玩耍,然后好好学习。"程敏杰这样寄语学弟学妹,回忆中透露在大学时有些小遗憾都是因为某些事没来得及去做,回过头来发现时间过得飞快,"自己入学时海大才刚过 100 周年,转眼间就是 110 周年了,读书的阶段是一生中最美好的时光,在这个活力四射的年纪,身边还有很多活力四射的人,一定要享受当下、珍惜时光。好好学习,多多尝试"。

10. 杨恽君

坚定不移，努力耕耘

杨恽君

  男，上海海洋大学 2014 级机械设计制造及其自动化专业本科生，本科毕业后至今就职于 500 强日企——大金（中国）投资有限公司的技术开发研究院，任职专业代理师。

求学恰逢贵人，工作充满机遇

  我对海大的第一印象就是它就如同我们的校训一样——勤朴忠实。在我入学时学校外边有很多还未开发的土地，但到我毕业的时候，校园建设得很不错，校园外面的共享区也建设起来了，人流量变多了。我还赶上了学校高速发展的时期，入学时我们学校还是普通的本科大学，而在我毕业时，海大都已入选国家"双一流"建设高校了！

  在大学学习中令我印象最深刻的老师是高丽老师，她的那种带动学生去理解、去体验的讲课风格十分令我着迷,而她任教的工程材料及机械制造基础课程是我本科期间最喜欢的课,老师的讲课风格和模式,让我对这门课十分感兴趣,也让我学得很好。

我在本科求学阶段遇到两位"贵人"——胡庆松院长和郑宇钧书记,他们帮了我很多。其实我刚上大学时心不在学,挂了很多科导致我在大二时期处于快被劝退学的状态,而这时胡院长和郑书记真的是在替我"求情",最终让我保留学籍休学一年,而我也是在回归大学后下定决心好好补课,学完本科的课程,最终顺利毕业,我十分感激他们!

在工作方面,我在日企感受最明显的是一个词——"执行"。企业讲究执行力,对于下发的任务就要求员工一丝不苟,认认真真地去执行。而在待遇方面算是很不错了,在2022年的疫情居家办公期间不仅没有减少待遇,还给了我们不少补贴。

始终牢记"勤朴忠实",坚持践行"工匠精神"

恰逢海大成立110周年,我这边有个小小的建议,就是我们工程学院可以带头开设和完善知识产权类型的课程甚至是建设相关学院。因为传统的机械电气类行业内竞争激烈,就业市场接近饱和,但是知识产权方面的人才是社会急需的,想着这样"换个赛道"的方式或许会对我们学校、我们学院的学生就业率和就业质量都有很大的提升。我们工程学院在本科阶段所教东西的广度已经足够,培养出来的学生的工科基础十分扎实,而我则希望我们学院能多教给学生一些企业里真正需要的东西和技能,让学生尽快实现和企业对接,和社会接轨。

在培养方式上,就我目前来看,机电一体化的培养是最好的。这种复合型人才在社会上的选择权和主动权会比单一人才多很多,我们工程学院目前就是这样一个培养模式,课程广度足够,培养出来的学生的基础知识够扎实。我还希望我们工程学子能在自己实力足够的情况下,多了解一些沟通方式,人情世故,抓住每一个可能的机会,专注、坚定、一丝不苟地做下去,牢记"勤朴忠实",践行"工匠精神",在每一个岗位上发光发热。

要有判断力、执行力和主观能动性

我认为判断力、执行力和主观能动性是能让我们在群体中脱颖而出的关键。具有良好的判断力能让你在面对每一件事情时都有自己看待的方式，并做出合理的选择和反应；具有良好的执行力能让你的判断和选择快速得到落地和反馈；而拥有主观能动性就是可以和普通人拉开差距的关键了，我们要自发地、主动地去学习、执行和获得反馈，而不是一直靠别人督促和指挥。

最后作为一个已经毕业的学长，我希望我的学弟学妹们能在大学生活里尽情地学习，尽情地玩，尽情地尝试，尽情地感受，不要给自己的青春留下遗憾，并且对于一些东西，认定了就不要犹豫和后悔，勇敢地坚持下去吧。希望我们海大越办越好，老师们身体健康，学弟学妹们学业有成！

11. 张宇

天道酬勤，道阻且长

张 宇

　　男，上海海洋大学 2013 级机械设计制造及其自动化专业本科生，本科期间学习成绩优秀，毕业时顺利就职于北京特思迪半导体设备有限公司，任知识产权工程师一职，参加了诸多大学生科创比赛，并在上图杯制图大赛中取得了不错的成绩。

坚定目标，奋力向前

　　"当我踏入大学的那一刻，发现母校的教学楼、图书馆真的很典雅漂亮，校园风景优美，绿化很好。"大一时，张宇加入了校学生会。他直到现在仍然怀念着李光霞老师的工图课和饶勇老师在毕业设计上的谆谆教诲，大学期间一路刻苦学习，积极参加科创竞赛，最后以优异的成绩就职于北京特思迪半导体设备有限公司。

　　我所在的公司是做半导体的抛光，以及研磨剪刀设备的工作，即对半导体做一些精加工处理。我现在的岗位是知识产权工程师，就是对我们研发过程中的一些新的技术设备去做一个知识产权专利方面的保护。

"研发半导体设备，我觉得还是蛮重要的。因为自从华为被美国制裁之后，国内开始慢慢意识到芯片的这个主线以及半导体行业的重要性。整个半导体的产业从上游到下游，很多关键的技术都被外国所垄断。所以在这个时候对半导体设备、半导体这个产业的国有化还是蛮重要的。它的发展前景很好。"

情系鱼水情

在校期间，要在自己的专业领域内，把专业课学好，尽量取得一个比较高的绩点。很多企业最开始关注的是你的学习绩点，尤其是专业课以及你的英语成绩。如果要考研的话，最好是尽早地准备，尽早联系老师，联系意向学校的学长学姐，从他们那里获取一些经验和知识。如果想要毕业后直接工作的话，最好是获得一个实习经历。选择一份不错的实习工作，并且在实习过程中做出一些成果来。

12. 黄玄旻

生命不息, 奋斗不止

黄玄旻

  男,上海海洋大学 2015 级机械设计制造及其自动化专业本科生。现为上海大学机电工程与自动化专业在读硕士研究生,同时入职百度科技有限公司上海研发中心。大学期间任职班长,同时担任上海海洋大学学生艺术团艺术宣传部部长。曾荣获上图杯制图大赛个人一等奖、二等奖。积极参与"互联网＋"大学生创新创业大赛、"汇创青春"全国海洋智能航行器大赛、智能车比赛,多次荣获"先进个人""社会工作积极分子""优秀学生干部"等称号,并在大学期间申请了一项发明专利和两项实用新型专利。

浓浓师生情, 莘莘学子意

  大学期间我印象最深的是毛文武老师的工图课,他其实年纪也不小,但他总是从学生的角度与我们交流。他上课也非常地认真负责,就是你随时找他,他都会抽空回复你。在毛老师的带领下,我在多个比赛中获得了许多奖项。

令我印象深刻的老师还有挺多的，就比如我们当时的辅导员李陆嫔老师。因为当时我是班长，所以和辅导员老师交流还是挺多的，我感觉到她是切切实实地在为每一个学生着想。她真的很关心我们四个班级的每一位同学，很多同学对她的印象也是特别深刻的，因为她给人一种很温暖的感觉！

其实在整个本科阶段，我在艺术团当部长的第一年办的第一个活动，是我最难忘的，因为那是我第一次以部长的身份去组织一个活动。并且那个活动特别大，是一个校级的表彰大会——12月6号纪念长征胜利90周年的一个表彰大会，我现在还记得那个会议的主题叫作"光荣与梦想"。我甚至清楚地记得每一个节目的走场顺序，每一个踩点，每一个道具要摆放的点位，这些细节现在都历历在目，因为我们当时彩排就排了好几天，大家都是在一起吃饭，就连住都住在一起，这是一段非常难忘的经历。

发挥自我，提高生产

我在本科的时候去实习过一段时间，在中国科学院上海技术物理研究所实习两个月，领导给了我一个种子基金，计划用五万块钱去做一个项目，实现他们的一个设备功能，当时我只花了1 000块钱就解决了这个问题，并不是说便宜，它就不好用。当时为了这个功能，我不断地去测试、去调试。我第一个星期就把这个功能设计出来了，然后第二个星期开一个项目会，就敲定要做这个功能，直到上线使用，满打满算花了一个多月。所以说无论科创还是实习并不是一成不变、按部就班的，还要积极主动地发挥主观能动性，在适宜的条件下寻求最优解。

机会是留给有准备的人的

趁早准备一个职业规划，你要更早地去认识到你到底想去哪个行业，然后确定这个行业的目前动态，并为具体工作做足准备，包括弄清你要会什么技能，你要提升哪些方面的能力。因为凡事都要趁早做准备。当然，大学生对丁这块都是非常迷茫的。我们都是以过来人的身份告诉你们，不能说等大三大四了大家怎么样,我再怎么样,其实到时候再行动是会很被动的。因为我本身学的是机械专业,身边肯定还是有很多优秀的同学在从事机械行业的,现在回头看机械行业,发现它其实还是大有可为的。比如说一些新兴领域,例如新能源、半导体,这些听起来好像和机械专业并没有太大的关系,但其实都是交叉领域,它也需要机械的同学去参与。所以学机械的同学可以往这方向去努力,尝试一些新兴领域。因此你得去了解一些半导体相关的知识,并摸清该学什么软件,该会什么样的知识,提前为就业做准备。

13. 冯凯亮

学无止境,唯有向前

冯凯亮

男,上海海洋大学 2019 级机械工程专业硕士研究生,现为上海汽车集团股份有限公司乘用车分公司物流部的工程师。

一日为师,终身为师

学校的环境优美、舒适,特别让人神往;学习氛围也很浓厚,拿我们课题组来说,每天基本上在实验室,研讨交流是每天的日常,师兄师姐很乐意为我们解答问题。当然,研究生三年中,我们导师王世明的严谨学风和宽容态度深深影响了我,老师鼓励我们寻找自己感兴趣的方向,然后通过自我探索去突破,这给我的学业以醍醐灌顶般的帮助,谢谢王世明老师,一日为师,终身为师。

我在研究生期间也做过很多室外的实验，关于波浪能发电的研究需要大热天去海边做海上实验。在这样的炎热天气老师一直陪着我们，然后也会负责地为我们答疑解惑。

在校期间学校做的很多地方也挺有利于现在的就业。比如学校经常会鼓励你在研究生期间去外面实习，去了解现在就业行业的一个现状。这对于学生最后的就业是有很大帮助的，让你了解到现在的工作要求具备什么技能，这样可以提前让你发现或者是感受到学习和工作的一些差异。

我一开始学的是机械，后来转到物流行业。刚开始感觉物流应该就是送快递什么的，这是很浅薄的一个认识。其实物流对于生活中的方方面面都是有影响的，对于整车厂来说包含的范围更大。就比如造车，可能你在电视上看到的就是流水线的操作。在流水线的背后需要物流的地方有很多。物流其实也是一个离不开其他行业支撑的行业。

发现不同，求同存异

本科生相对研究生，约束会多一点，在研究生期间老师会给你指一个方向，然后你根据自己的兴趣去探寻，去学习。对于本科生而言，自学能力很重要，当你进入一个陌生的行业时，很多东西还是要靠自己去学习的，而我们找工作最大的优势就在于此，对于本科生我建议就是多去外面实习，然后多培养自己的自学能力，借助各种媒体、平台提升自己。

研究生在做科研的时候要秉承严谨的态度，不断地探索，不要擅自加上自己的判断，应该要通过数据加以支撑，切记不要妄下定论。因为很多时候实验结果会出乎你的意料的。我感觉这是一个工匠精神所应该具备的，要以事实为依据去逐个排除其中的干扰，才有可能得到一个正确的结果。

最后，祝母校越办越好，然后培养出更多优秀的学生。也希望学弟学妹们可以找到自己心仪的工作，然后在工作中继续努力，不断提升自己，为母校争光。

14. 陈泰芳

树人百载，展翅高飞

陈泰芳

男，上海海洋大学 2016 级机械设计制造及其自动化专业本科生，毕业后考研就读于东华大学，2022 年硕士毕业后，就职于上海汽车集团股份有限公司。大学期间成绩优异，多次荣获上海海洋大学人民奖学金，学生阶段积极参加各类科创比赛，曾荣获全国三维数字创新设计大赛（全国总决赛）龙鼎奖，全国三维数字创新设计大赛上海赛区特等奖，蓝桥杯三等奖，研究生期间多次荣获奖学金，获得"上海市优秀毕业生"称号，华为杯数学建模三等奖。

忆校园温情，感竞赛师恩

我对大学的第一印象就是我们大学环境优美，绿化非常好，滴水湖让我记忆深刻。大学最开始时，我也是比较迷茫的，但是在舍友的影响和引导下努力学习，因此在学习方面和科创方面都取得了不错的成绩，这对我之后的考研也是有所帮助的。在我记忆中印象最深刻的老师是毛文武老师,他讲课风格就非常风趣,同时他也会经常带领学生参加各种制图比赛,每年能带领学生拿到很多一等奖。虽然他有一点严格,需要我们自己去适应了解,但是老师的初衷肯定是好的。在后来我也是成功上岸,虽然期间遇到了许多问题,但都从无到有,一一解决了,之后凭借着自身的努力也获得了不少奖项。

水滴石穿,继往开来

读大学时要积极参加各种比赛,在比赛中找到自己,从而能更容易了解自己未来要选择的方向。我就是通过参加比赛的这种正向反馈来提升自我的,也为研究生阶段的科研奠定了基础。研究生期间,我的课题是自动机器人这一个方向,我几乎是没有接触过的,甚至没有老师能够给我们指导,当时要推动这个课题非常难。我们从零开始,自己从网上一点点去学,比如对机械臂以及对小车先从简单的移动再到自动的一个定点移动的学习,以及学习机械臂的一个定点规划等等。我觉得这就是很好的一种工匠精神的传承,这也是我在研究生学习中比较有成就感的一件事。

多元化学习,复合化发展

就我目前来看,作为我们机械专业的学生,机械和软件相结合的学习肯定是最合适的。首先最适合我们加入的肯定是汽车行业。因为它的结构都是和机械非常相关的,再加上它的自动驾驶、AI 等方向,又和我们的软件相关。所以我认为未来肯定是有利于机械专业的。

希望每一个同学都能够思考好自己的目标后再去做决定。我认为考研、工作以及考公这三条路线应该是一致的。考研之后再工作和大学毕业直接工作都是可以的,最主要的是看你想要工作还是真的想去深造。我的两个舍友都是保研的,他们仍然认为实际读研和想象中的确实是有差距的,可能就是不如直接去工作。所以我认为你一定要想清楚你未来的目标是什么。无论是在哪一个行业工作,最重要的是要有学习的能力,因为时代不断在变化,也充满竞争,学习能力永远都是最先需要去掌握的东西。

15. 王国全

平芜尽处是春山

王国全

  男,上海海洋大学 2020 级机械设计制造及其自动化专业本科生,大学期间,他在学生会文体部任职。毕业后,他去往中国科学院上海技术物理研究所工作。

热爱读书,热爱生活

  大学期间,王国全在学生会文体部任职,他乐于助人、乐观开朗的性格深得老师和同学的赞许,他还多次组织并协助开展校运会等学生文体活动。学生工作的投入,为他的大学生活增添了很多乐趣,使他的性格更加积极乐观。王国全热衷于读书,同学们经常可以在图书馆看到王国全的身影。海大图书馆的浩瀚藏书也在王国全心中留下深深的印象。

  有人说,大学生活就正如鲁迅先生的四部书:大一是《彷徨》,大二是《呐喊》,大三是《伤逝》,而大四是《朝花夕拾》。也有人说:大学一年级往往不知道自己不知道,大学二年级则是知道自己不知道,大学三年级时不知道自己知道,大学四年级时知道自己知道。总之大学生活就是一个不断让人成长的过程。

王国全也和我们大多数人一样,自上学起就过着学习、生活两点一线的日子。通过应付学习和生活中的各种难题,他更是将独立、坚强、开朗的性格展现得淋漓尽致。对自己工作的困惑,对自己未来的迷茫,对生活中琐事的痛苦都没有让他颓废,反而激起他的斗志。起初遇到困难他都会痛苦抱怨,然后拖着疲惫的心态和身体去面对解决,每一次过后从来没有体验过因解决困难而带来的喜悦,而是害怕再次遇上困难。但是在经历过一件件事情后,他逐渐明白,生活从来都是如此,过去是,现在是,未来是。既然改变不了这个世界,也逃避不了,那就好好改变自己,改变自己的心态。"实践以及时间证明只有学会在紧张生活的夹缝中寻找到一丝快乐,才会发觉生活的意义。"王国全这样说道。

见贤思齐,尽职尽责

在精英荟萃的研究所内,会遇到很多优秀的同事与前辈,王国全在工作之中有两位敬佩的同事。一位是他的带教老师,一名机械专业的女博士,另一位是他的领导。他们的专业能力、管理能力、沟通能力都很强,也让善于学习、见贤思齐的王国全学到了很多,受益匪浅。对于工匠精神,王国全用一句话概括:"尽职尽责,今日事今日毕。"

回首海大,寄语校友

王国全在给学弟学妹寄语中说道:"一个人的伟大不在于你做了多少件惊天动地的事情,而是在经历过平凡生活带来的很多困难、打击、挫折以后,依然有着对生活向往和期待的积极心态,脸上依然挂着最甜美的微笑。"希望学弟学妹们努力学习,不断增强自己的能力,努力奋斗,成为梦想中的那个自己。

16. 张一民

从容不迫做好分内之事，
勇往直前不畏艰难挑战

张一民

　　男，上海海洋大学 2009 级机械设计制造及其自动化专业本科生，毕业后，他在费斯托（中国）有限公司担任产品经理。他曾是上海海洋大学校史馆优秀的讲解员，也曾在上海海洋大学工程学院团委、社团管理部工作。他还曾是轮滑社、太极社成员。

回顾海大生活，初尝社会之苦

　　张一民入学的那一年是海大搬到临港的第二年，学校周围都是工地，很荒凉，刚上大学离家远，这让张一民有一种陌生感。在他的记忆里，虽然刚开始会不习惯，但久而久之，即使周围不像现在有共享区，但他也发现了新的乐趣。他会和好友骑上单车或者坐上公交到滴水湖去玩，也会到东海边看日出日落。正如海大的生活一样，浪漫且充满闲情雅致。在这样一个景色优美的校园里，最让人记忆犹新的就是"七道门"。"大学里让我记忆深刻的事就是成为校史馆的讲解员，我从中学习到校史，还有就是图书馆门前的"七道门"的历史。在准备讲解资料的过程中，我了解到前校长朱元鼎、侯朝海他们的故事，这些故事正面反映了我们海大精神，我希望这种精神能得到传承。"

在海大学习的过程中，张一民对教理论力学的宋秋红老师印象深刻："他讲课很有东北人独特的节奏感。同时他会用独特的教学方式——深入浅出，用幽默的语调语气带我们走进'机械的森林'，拨开层层云雾深入内部看见更美妙的东西。"

张一民回忆到初入企业时与在校的不同感受："学校跟企业的环境是有很大不同的，在学校里有足够的时间、空间和资源去学习，学生可以凭着自己的兴趣以及对未来的憧憬学习任何事情，甚至会有一些不切实际的目标，但是这些都是有机会去努力得到的。而刚入企业时，会感觉到不适。企业是一个目标明确且需要你创造价值的集体，要多去考虑企业的利益。这是思想上的不同。还有就是生活状态上的不同，不能迟到，不能由着自己的性子做事情，要按照企业的规定，严格要求自己。"

于困难中蜕变

张一民表示刚入企业时肯定会不适应，也会遇到一些挑战，在他看来，强大的心理建设、不断学习以及提升自我的抗压能力是更好适应工作的三大法宝。"企业里会有各色各样的人，会有喜欢的，不喜欢的，但都是朝夕相处的同事、领导。所以要有强大的心理建设去面对未来各种各样的困难，不止工作上的，还有人际交往上的。更重要的是要不断学习。企业跟学校不一样，它不会花长时间培养一个人，在有限的时间里，它给你的机会很少。所以要学会一边为企业创造价值，一边不断学习、自我提升。这个提升的过程非常关键且是需要持续的。在工作的前几年要格外注意自己的积累，对自己做的事要学会思考，学会复盘，不断改进。工作之后要不断学习的另一个原因是，我们在大学学的理论力学、材料力学、机械制图等等这些专业课离工作是很远的。在企业里,不会去研究理论力学里的这个公式是什么,而是需要将这个东西应用到实际。所以必须将学习基础打牢,才能学以致用。第三个就是一定要有抗压能力。刚入社会,被批评几句是非常正常的事情,获得领导的夸赞是很难的,工作中一定会有很多很多的挫折。在这个时候一定要坚强,不要说自己很脆弱,很敏感,我不行。"

"我有一次遇到一个客户,他是某某行业里面的一个非常资深的专家。我们去跟他谈项目,但在谈话的字里行间,他会透露出一些优越感,就是说'我才是这个领域的大佬'。可因为我们的研究方向相对专一,对有些东西的研究是比较深入的,所以还是有一些话语权的。我刚入社会,可能会被他的一些头衔和荣誉给怔住。但还是要强装镇定,跟他坦然交流,而且还要理性思考对方说得对不对。只有不卑不亢地跟他对接,心里不怵对方,才可能把这件事情做好。"而我们常说的工匠精神其实就藏在这一点一滴的生活经历里,不卑不亢、不断学习、顶住压力都是我们需要慢慢学习的。

做勤朴忠实的工程人

机械毫无疑问是一门基础学科,从第一个维度,也就是从大的层面说,国家发展依靠机械。世界开始认可中国是因为我们有航空母舰,我们有高铁,我们有火箭,我们有许许多多成就。这些成就都离不开机械设计制造及其自动化专业的同学扎扎实实的努力,为国家创造价值。即使我们不被看见,但我们知道我们在做对国家有意义的事情。从小的层面说,我们讲工业4.0,讲工业智能化。这背后其实就是机械的产品与电气的融合。没有机械就没有工业4.0。这是第二个维度。第三个维度是,机械的创新可以直接影响到我们的生活。比如与我们海大机械设计制造及其自动化专业最相关的汽车行业,像我们临港有很多汽车公司,很多校友在那边上班。那我们研究什么? 我们研究车辆工程。研究生产汽车时有哪些技术可以进步,让车的生产效率更高,让车更安全。基于以上三点,我希望我们机械设计制造及其自动化专业相关的同学首先应该非常自信,走出我们的专业,走到工程学院中去,抬头挺胸地走到其他专业的同学中去。我们要告诉他们,机械设计制造及其自动化是最棒的专业之一,我们是为国家实打实地做贡献的专业。

我们海大的校训就是勤朴忠实。我希望我们都是低调的、朴实的,对世界是勤勤恳恳地做着一些微薄努力的海大学子。也希望大家要有自己独立的明确的想法,不要浑浑噩噩过日子,有抗压能力。有把一件事情做好的决心,也要有把自己放到尘埃里的一个信念。就像一颗螺丝钉,虽然不是最重要的,但一定是缺一不可的。希望大家保持良好的心态,坚持把每一件事做下去。

17. 石祥

基础不良的好建筑是没有的

石 祥

男,上海海洋大学 2008 级机械设计制造及其自动化专业本科生,后免试保送本校 2012 级机械工程专业硕士研究生。毕业后就职于上海汽车集团股份有限公司乘用车分公司临港发动机厂技术支持科,担任机械主管工程师,主要负责带领 11 人团队,其中工程师 3 人、维修工 8 人,负责 4 条生产线的设备维修、保养、改造以及新项目的规划。

没有播种,何来收获

本科期间,我认真学习,每学期获得各项奖学金。在大二时,成为上海世博会园区志愿者。大三开始双休日在外兼职,在培训公司担任助教,教授 AUTO CAD、ProE(Creo)软件,暑期在外企苏尔寿公司开始为期两个月的实习。大四通过保研笔试面试后,师从刘璇/许哲老师,成为机械工程专业的研究生,在校期间继续认真学习,发表多篇论文、专利,并每学期获得多项奖学金,同时也担任班级党支部书记,处理基层党支部各类事务。研二暑期在外企罗克韦尔公司实习三个月,研究生毕业时获得"上海市优秀毕业生"称号,并在上海汽车集团股份有限公司乘用车分公司校园招聘中顺利上岸,成为公司一员。

适应时代,做出改变

目前汽车行业正在从传统内燃机向新能源转变,因此可以说汽车行业正处于百年未有之大变局,而在此当下,已经有不少发动机厂的员工开始忧虑发动机厂的未来,但是作为一名技术人员,深知只要专业技术过硬,即使发动机生产线被时代淘汰,我们仍然可以从事其他行业的生产线技术类工作。因此只要上海定位为从事高端制造业,那么上海就永远需要高端技术人才。

考虑到当前的行业背景,作为一名海大毕业生,建议学校的汽车类专业课程,应该也向新能源方向转型,对于课本中传统的发动机、变速箱等内容的比重,已经可以适当降低,取而代之的,应该是汽车用电池、电机、电驱动等专业知识,同时在教书育人的同时,多组织校企合作,让更多的海大学子可以进入企业开阔眼界。

回首海大,寄语学子

大学四年,可以说是人生中最轻松的四年,因此很多学子在此期间,容易迷失方向,沉迷游戏,也极易陷入校园恋情而无法自拔,在此作为一名前辈,希望各位学弟学妹能够尽早规划自己四年的大学生涯,是四年后读研,还是出国留学抑或是直接工作,这些都最好能尽早决定并为之努力奋斗。

可能在此期间,总有人会说,大学学到的专业知识太注重理论,已经与企业脱节,因此大学无用论有时甚嚣尘上,而我是从事技术岗位的工作,在此作为一名前辈,给出自己的建议,如果将来学弟学妹有意愿从事技术类工作,等刚进入工作岗位时,可能确实发现校园内的专业知识有时用不上,或者说企业目前所需知识又没学过,这确实极有可能发生,但是这并不是我们不约束自我的理由,因为大学四年学的是基础,你只有夯实了基础,等进入企业后,才能更快地学会新的专业知识。试问,基础不扎实,怎能厚积薄发?

因此希望学弟学妹们,珍惜时光,脚踏实地,努力向前,切勿在校园生活中迷失自我。

恰逢上海海洋大学110周年校庆,祝愿母校年年桃李,岁岁芬芳。

18. 杨 振

环境不会改变,解决之道在于改变自己

杨 振

男,2014级机械设计制造及其自动化专业本科生。毕业后,于上海海事大学物流工程学院读研深造,现任职太极计算机股份有限公司,担任中级软件工程师兼任上海市智能港口物流创新工作室物流信息化部主任,从事智慧港口、智慧物流、智慧贸易等信息技术工作,主要工作内容为需求分析、系统设计、研发与项目管理。

始于海大,追逐梦想

大学四年是我人生中最美好的时光,四年的时光让我学会了独立思考,学会了合作,学会了选择。其中最记忆犹新的还是我和我的小伙伴们一起参加了全国机械创新大赛,熬了好几个通宵总算有所回报,非常幸运地获得了全国机械创新大赛二等奖,学院为了鼓励我们,出资让我们能够到济南去观摩最终的决赛。正是这次的决赛之旅,让我见到了外面的大千世界,看到全国其他高校的参赛作品,由此勾起了我对智能化的兴趣,也潜移默化地促

使我选择考研的道路,催生了我希望在研究生阶段在人工智能方向继续深造的想法。非常庆幸有这样的一个契机和自己做了一个我认为非常正确的选择。在此也对学院的支持和我的恩师刘爽老师表示由衷的感谢。

读研和工作期间,我先后在上海港、天津港、厦门港等大型港口和洋山、即墨、日照等大型综合保税区进行项目合作和校企合作科研工作。近4年承接港口企业、综保区企业系统、海关系统研发项目20余项,获得软件著作权4项,临港新片区高新产业和科技创新专项智能化建设示范应用1项。

精益求精,善益求善

毕业后,我并非继续选择传统的机械行业就业,而是从事了信息技术方面的工作,但我觉得无论在哪个行业,对任何事情都保持认真负责、精益求精的态度是我们走向成功的道路上最重要且必不可少的基本要素。

另外选择也非常重要,建议学校多邀请一些业内领航专家,举办行业发展专题讲座,拓展学生们的视野。希望同学们能踊跃走出寝室,多参加此类讲座,多去了解一些前沿的领域,或许能为你将来的某一次选择提供一定的理性支持。

回首海大,寄语学子

希望学弟学妹们珍惜这4年美好的大学时光,做到吃好、玩好的同时,也要学好,尽早地规划日后的发展方向,切莫错过了时光,同时也要结合自己的实际情况,选择最适合自己的道路,最后,祝各位学弟学妹们学业有成,前程似锦。

转眼离校已4年,仍对学校的景、人、事、物魂牵梦萦。恰逢海大110周年校庆之际,祝愿母校越办越好,桃李满天下,谱写更辉煌的篇章。

19. 谢永浩

胸怀大志,攻坚克难

谢永浩

  男,上海海洋大学 2015 级机械设计制造及其自动化专业本科生,2014 年入学,第一年是在文法学院求学,2015 年转专业到工程学院,在工程学院相对比较活跃,在大学期间,担任李陆嫔老师的辅导员助理、团委的科创部部员,同时协助老师管理实验室,参加多项科创比赛。

助人为乐,苦心钻研

  大学期间,谢永浩担任辅导员助理,他乐于助人的性格深得同学和老师的赞许,同时在学校团委(学生组织)科创部任职,参加多项科创比赛并获得不错的名次,学生工作的投入让他没有迷失在陌生的大学生活中,他和室友们没日没夜地学习专业知识,为参加船舶动力艇大赛做准备,在增强理论知识的同时也注重动手实践能力的加强。

勤朴忠实,校训为戒

海大的校训"勤朴忠实"其实就可以完完全全地解释"工匠精神"这四个字,无论是在学习还是工作中,都离不开"勤朴忠实"这四个字,所以对工匠精神的理解就可以用校训来解释。

明确方向,涉猎前沿

"一方面,如果只是掌握一项技能的话可能还不够,学弟学妹后续可以多考虑根据自己的兴趣走学科交叉的方向;另一方面,学弟学妹要花一些时间去涉猎一些前沿类的专业知识,比如说像热度很高的人工智能、机器学习等等,如果能够在本专业的基础上结合一些比较前沿类的东西,也能培养我们的专业能力,对后续工作有很大的帮助。"

谢永浩还这样寄语学弟学妹们:"读研阶段我们要尽早地确定方向,对自己的未来早做规划,广泛涉猎前沿知识,加强学习能力,奠定工作基础。"

20. 张椿悦

历经铅华得正果，风华正茂撒芳华

张椿悦

女，上海海洋大学 2011 级机械设计制造及其自动化专业本科生。毕业后，就职于上海新松机器人有限公司。在公司里担任工艺工程师一职，主要负责一些机械结构的可行性及加工难易程度的评审工作，为机械零件估算加工价格，以及培训指导新员工设计制图规范等。

名师授业解惑，海大终修正果

大学期间，张椿悦曾担任班级生活委员，与其他班委共同组织过多次班会活动。曾在班委会的共同努力下带领班级获得两届"超级梦想班级"称号，也曾担任工程学院党员工作站站长，负责审核积极分子的入党材料。在专业知识学习上，张椿悦最喜欢宋秋红老师的材料力学课程，宋老师为人直爽幽默，课堂上幽默风趣的讲课方式很受大家欢迎，张椿悦的课程也取得了不错的成绩。

长风破浪会有时，直挂云帆济沧海

张椿悦目前从事非标自动化产线行业已有 6 年，6 年的工作经历足以让她对工匠精神有了很深刻的理解。初入职场，面对经验足、专业性强的老师傅，难免对自己的工作能力产生怀疑，担心自己不能胜任。后来在负责的过程中做好每一项任务，逐渐提升自信，不断补上缺漏的专业知识。与校园生活不同，工作中更需要积极主动的探索精神、勇于尝试的态度以及自主学习的能力。初入职场，学历将大家的能力分层，但是经过十年、二十年的工作磨炼，往往更优秀的人，就是在日常的工作生活中有着精益求精态度的工作者。机会留给有准备的人，走好当下的每一步，不为青春留遗憾。

作为海大毕业的毕业生，张椿悦建议学院增加校企合作的机会，让同学们在吸收理论知识的同时直观地了解专业所对应的行业种类及内容，相信此举可以提高同学们的学习欲望，也有利于在涉入职场前做好职业规划。

漫漫海大路，寄语赠学子

张椿悦这样寄语学弟学妹们："请把握好四年的大学时光，疫情当下的现在，与同学、老师相处的时光更加值得珍惜。在校园的学习生活中，在掌握好理论知识的同时可以进入企业实习，在实习的过程中发掘更多的就业可能性，同时对自己所学专业的就业类型有更切实的体会。在实习实践中发现不足，在学习中有针对性地弥补不足，这是进步的最直接方式。"

21. 陈 帅

攻坚前行者，工匠显担当

陈 帅

男，上海海洋大学2013级电气工程及其自动化专业本科生，曾在部队服役时，展现了新时代士兵的勇敢担当。退伍毕业后进入上海振华重工（集团）股份有限公司做电气工程师，继续在岗位上发光发热。

海大初印象，职场好建议

"刚来的时候，共享区还很简陋。但海大真的是一个很美丽的学校。"说起在校的学习生活中最深刻的记忆，陈帅提到了他的大四生涯。大学参军入伍退役之后，在仅剩的大学时光当中，他做了非常多的事。陈帅鼓励学弟学妹们在学校期间敢于尝试，不仅包括学业在内的各种事，还要争取自己的大学四年不留遗憾。

"企业和学校是完全不一样的。"陈帅回忆起对于企业的印象时说道，企业不会像学校一样管所有人。一样的东西会与不会和自己的关系更大了，他鼓励大家在校期间多多提高自身能力，以备不时之需。

行业新发展，迎面应挑战

"现在，传统制造业不容乐观。"接受采访时，陈帅正在以色列出差。他告诉我们，像电气工程师这样的行业，现在工作的环境不会特别好，也会因为工作需要而经常出差。但是这个行业技术门槛高，人也不容易被替代。陈帅的公司就参与到了洋山港的发展与建设当中。对于有技术并且爱去各地的工程学子来说，这个行业还是相当不错的。

海大周年庆，校友送寄语

"毕业后我仍然一直关注海大，疫情期间我也在上海。"陈帅提起学校，依然是充满了怀念。"在我这次出差之前，我还去我以前的老师那里一起吃饭。"陈帅在疫情期间一直心系海大，也帮助海大筹集了一些校友捐款。这些年来，海大被评为"双一流"建设高校，发展越来越好。正逢海大110周年校庆，陈帅希望学校能够越来越好，学院能够越来越好，学子们在学校，除了学习外也要多尝试一些其他的事情，让自己的大学生活乃至人生旅途少一些遗憾。

22. 张鑫

把握机会，锻炼自我

张鑫

男，上海海洋大学 2008 级电气工程及其自动化专业本科生，曾在海大校团委工作四年，参加过话剧社、英语沙龙等社团。大学四年来，一直担任班长一职。现于上海宝信软件股份有限公司担任高级项目经理，主要致力于钢铁冶金散料物流智能制造相关的项目。

海大记忆

作为海大搬迁到临港校区后的第一届新生，张鑫感慨万千。他回想 11 年前初到校园时，那时的校区还没有建设完善，周围一片芦苇荡，不过校园的整体环境还是好的，例如宿舍、教室、图书馆等一系列硬件布置都是最新的。其中印象最深刻的就是 2012 年学校百年校庆组织的各类庆祝活动，还有"七道门"上关于学校历史发展的故事一点一滴地诉说着这所百年高校的成长。回顾这四年，大一、大二期间，张鑫认真参加班级、社团活动和课堂学习,大三大四能够做到专注于考研复习,迎着朝日三五结伴地去图书馆排队温书,学累学乏了去二食堂旁的篮球场挥洒汗水,这种劳逸结合的日子,既轻松又充实。谈起学生时代,温暖而肆意的时光令他不禁动容。

难忘师恩

令张鑫印象最深刻的老师是他的毕业导师赵波。也许有些老师会随着时间的流逝在记忆中逐渐模糊,但"严师"总是能给人以深刻的印象。当年赵波老师对他们既严厉又细心,而也正因为赵老师对教学质量的高标准、严要求,让许多同学都"退避三舍",但在彼时张鑫就意识到一定要把握好成为严师手下"高徒"的机会,所以在做毕设的时候果断选择了赵老师,当了他的学生。后来在工作期间也与赵波老师有一些接触与交流。他表示,一位"严师"的成功之处不仅仅在于学生在校期间的学习成果,更在于精神上的言传身教,让学生们在做人做事方面都获益匪浅,受用终身,并始终怀揣着感激与敬重之心。

行业的机遇与挑战

在谈到为什么选择现在从事的行业时,张鑫指出共有两个原因。第一是个人家庭背景,他的父母都是从事钢铁冶金行业的。家庭的影响、父母的教育让他打小就培养出了属于自己的钢铁情怀。第二则是当年学院组织了一次参观宝钢工厂的机会,也正因为这次参观,让张鑫在心里埋下了一颗小小的萌芽,并最终成长壮大。

路总是需要一步一步走的,张鑫说起自己的工作历程也是如此,经历了许多坎坷,也在其中完成了成长与蜕变。

张鑫指出在他刚入职的时候,由于研究生学的是自动化及其控制,与公司的发展需求并不一致,所以他经历了一段很长的社会学习时光。从自动化及其控制到计算机的转型,一路摸爬滚打,不断尝试。由一开始只在一小块业务后台开发调试,到后来调试整个大项目的所有后台,他对业务技术逐渐熟悉,后来他开始接手一些小项目,由于完成得很好,领导交予其一项

3 000万级别的重头项目。而面对这次机遇，张鑫也是十分勇敢地把握住了，最终，不负众望顺利完成该项目，在此之后越做越大，一路攀登，直至今日的高级项目经理。

对于张鑫来说，本科毕业并不是一个终点，而更像是一个全新的起点。大学期间他学会的不只是知识，更多的是一种自主学习的能力和独特的思维方式。尽管毕业后出国留学所学习的内容与他就业时公司的需求并不一致，但他没有轻言放弃，而是在学习中转型，在挑战中充实。后来又因为项目经理这一职位对管理类知识和技能的需求，他又去攻读了复旦大学的MBA。

尽管工作十分辛苦，但他还保持着在工作之余来抽时间学习的良好习惯。总说机会是留给有准备的人的，也正是这一次次的努力，赋予了张鑫抓住机会的魄力和能力，心有归处，并尽全力不断为之付出，终会感谢过去的自己。

校友寄语

在学生生涯中亲历过海大的100周岁生日，张鑫感慨时光的匆匆流逝，回想起当年身处这样一所百年高校中学习，也泛起些许自豪。作为毕业十余载的学长，他也有许多话想对学弟学妹们说："首先，祝贺海大110周年生日快乐！希望学弟学妹们能够去感受海大的百年文化，感受它的进步，感受它的变化。希望现在身处学校的这些学弟学妹们能够跟海大一起度过最美好的时光，未来能够越来越好。"

23. 张林

学无止境，勇于攀登

张　林

女，上海水产大学（上海海洋大学前身）2007级电气工程及其自动化专业本科生，本科期间以优异成绩位列专业前位，现于舟山启明电力设计院有限公司工作。她从事电力系统设计等工作已有11年。在校期间发展成为中共党员，目前党龄14年。

海大故事

张林回忆，刚进校不久，也恰逢校庆，学校举办了联欢活动，让她感受到了大学的轻松氛围，平时较为内敛的她，在更大的平台上却享受其中。在后续的访谈中，张林也提到自己对海大110周年校庆的兴趣，表示十分愿意来到母校见证这个伟大时刻，目睹海大十几年来发生的改变。

工匠精神

基于国家明确提出的 2030 年"碳达峰"与 2060 年"碳中和"目标,设计院开始研究从未接触过的光伏板,张林被分配去负责第一个小洋山水上光伏。当时她是迷茫的,并不知从何下手,但是秉着"遇到问题就解决"的态度,她找到光伏厂家,带着施工单位去学习观察。她认为对于不同领域的专业知识,仍需自己深入学习研究,不断细化,直至熟练掌握。回去后,她绞尽脑汁,一步步学习和尝试,打破原有知识的局限,从知道光伏板仅仅是一块板,到后来做了一个 120 兆瓦的风光充储一体化充电桩,整个过程历时两个月。而后续的费用效益分析,则要让业主知道投资的收益,这又在未曾涉及的领域为她增设了一道难题,但她坚信自己能够赢得此次挑战。最终通过自己的摸爬滚打,她一步步走了过来,最终在年终汇报之时,单位参与的绿色项目十之有九是她负责的。张林认为,作为单位的一员,要尽自己所能,为其提供一种支撑。后续几年,她仍然积极地学习新事物,接受新事物,将它们做到最好。"不懂的事物,永远是存在的,我们要做的是把它弄懂,以丰富的知识和技能证明自己,为自己赢得项目和工程。"这是她一贯秉持的工作态度。

从张林的工作经历中,我们看到了她挑战不可能的勇气和毅力,以及学无止境的求学态度,这是她身体力行地向我们诉说的工匠精神。

校友寄语

"大学并不是最终的结束,进入社会也一样,学习是不会停止的。在某个专业想要有更好的发展,学历肯定是越高越好;此外学习并不只是为了工作,我们要用所学提升自己,实现自己的价值。"

机会是在挑战中寻找的,张林这样说道:"我们要勇于尝试,挑战每一个陌生的项目,用学习的态度去对待工作,将学习作为一种精神寄托,贯穿整个人生。"此外张林还提出希望大家珍惜美好的青春年华,做自己想做的事情,让美好的青春不留遗憾。

24. 张冯归

探骊方得珠，实践以为先

张冯归

　　男，上海海洋大学 2015 级电气工程及其自动化专业本科生。现任上海 ABB 有限公司服务工程师，业务单元为过程自动化，领域为发电机励磁。

海大记忆

　　张冯归回想起自己在海大度过的四年时光，经历了学校重新修整建设校园的过程，安静的环境和崭新的设施让他更加沉浸在学术的氛围中，勤勤恳恳，努力学习。他特别提及，海大教学楼以集中排列的形式分布，低楼层的特点使得同学们上下楼简单便捷，这让张冯归感受到了学校在设施安排上的贴心与用心。

行业的机遇与挑战

张冯归表示,作为一名工程师,所从事的基本上是电气所有专业知识都有所涉及的工作,因此需要强大的专业背景和出色的问题解决能力。

海大工程学院偏向培养实践动手能力的课程设计,让张冯归在解决问题能力方面有了极大的提升,"学过的知识,为什么会忘记? 因为没有切实去用,没有在实验中实践、在工作中重温。那么在往后的工作中,就要用最短的时间去把知识重新再捡起来,去用到它"。区别于对实验结果和理论值极致严苛的要求,在实践过程中总会遇到标准不一的各种各样的问题,而正是这些问题锻炼了海大电气学子在行业内面对现实问题的应对能力。"企业都喜欢动手能力强和上手适应快的人,在工作中,你的学习时间没有大学时候那样充裕。"在谈到工作机遇时,张冯归特别强调了企业对个人能力的看重,在求职时,他通过自身的强实力入职 ABB 有限公司,又在对自身的高要求下,不断加强专业知识学习,为自己现在的工作打下了坚实的基础。

"当你步入社会,你要发现自己的个性所在,如果不适应,就要去改变它。"谈及毕业后进入社会工作的最大感受时,张冯归这样感慨道。他分享了自己在工作中对于不同角色的适应经验和宝贵阅历,"在整个生产环节中应明确自己对上汇报、对下负责的定位;在各部门、企业间项目交接的环节中要适应与人的沟通和合作;在同行间也要注重经验的相互分享与磨合"。

校友寄语

对于海大,这个承载着他太多青春美好记忆的地方,张冯归也有许多话想要说:"学校的建设实际上比我们的个人进步要快多了,在海大自身的努力下,学校已经入选了"双一流"建设高校,希望工程学院和电气系越来越好。"对于学弟学妹们,他这样寄语:"学生还是要以学习为中心,因为未来工作上所需要具备的专业知识和能力都是从本科期间的学习中一点一点累积起来的。在学习专业知识的同时,更要注重对于实践动手能力和问题解决能力的培养,只有两者兼顾才能使自身更加具备被企业选择的个人实力。"

25. 杨涛远

踔厉奋发向未来

杨涛远

男,上海海洋大学2015级电气工程及其自动化专业本科生,上海理工大学研究生,现于微芯科技公司工作,任客户经理一职。

海大记忆

"我记忆中的海大,校园设施比较完善。"杨涛远这样说道。杨涛远推荐对科创有兴趣的学弟学妹可以多多参加竞赛,比如蓝桥杯、电赛和智能车比赛。他特别指出,蓝桥杯是一个非常好的以赛带学的比赛,强烈推荐同学们认真在赵波老师的单片机课中好好学习、多多实践,这门课对于理论和实践结合得非常紧密,也能引领大家更快上手去制作一些电子项目。电赛TI杯涵盖的范围非常广,包括电源、模拟器件、半导体器件或电力电子等方面的设计,通过对比赛题目的投入能够使实操能力有大幅提升,同时也会对理论知识有更加深入的了解。回首过往,杨涛远不仅在电赛中选择了制作无人机,还在经历了无数次"炸机"和各种各样的调试后,最后将无人机作为毕业设计制作了出来。

难忘师恩

谈到最难忘的老师,杨涛远的第一反应是刘雨青老师。刘雨青老师的电子设计课程开启了杨涛远的科创之旅。在所有的课程中,给他留下印象最深的是电路原理这门课,这门课不仅是电气专业的第一门专业课,奠定了后续专业课程的基础,更在实践领域有着更多的应用。

行业分析与建议

真正的工匠精神是在自己擅长的领域中不断地创新、不断地投入、不断地为这个行业带来应用和价值。在海大毕业后,杨涛远进入上海理工大学继续深造,并在此期间进行了三份实习,通过这些宝贵的实践经历,他发现比起研发,自己更适合从事销售类型的工作,也据此对自己进行了正确评估,确定了今后努力的方向。目前,杨涛远在半导体领域深耕,在交流中,他也十分推荐学弟学妹迈入这一行业,他认为半导体器件是社会创新的基础,同时也是电气专业学生的优势所在。在具体岗位的选择上,杨涛远表示还是要结合自身的优势,例如擅长与别人沟通并具有一定的英语水平可以选择在外企担任客户经理,适合做技术可以选择在开发区,也可以选择两者相结合的职位。

校友寄语

作为工程学院的优秀校友,杨涛远也对学院提出了一些建议:一是推荐学院邀请一些资历深的学长或业界人才进行一些宣讲,例如本次访谈就是一个很好的交流机会,能够帮助在校学生尽快对自己的生涯发展进行更加清晰地规划;二是希望学院能够结合一些新的行业应用,搭建相关实习或讲座平台,希望同学们在毕业前能够对行业发展有一定的认识,再根据这些行业需求,具备相应的技能。

在访谈尾声,杨涛远表达了自己对于学校和学院深切的祝福,作为电气专业的学生,他对学弟学妹这样寄语:电气这个专业的核心还是电力电子技术,"万变不离其宗",模电、数电仍是基础性内容。通识教育的知识不简单,可能会给你们带来信息挫败,可以适当地结合兴趣了解行业中的新兴知识和技术,总之一切都没有想象中那么难。

26. 杨波

不忘初心，砥砺前行

杨波

男，上海海洋大学 2014 级电气工程及其自动化专业本科生，现于美国芯源系统有限公司任现场应用工程师。

海大经历

大学期间，杨波任班级学习委员，他乐于助人的性格深得同学和老师的赞许。大三时，他成为班助，在新生入学时给予新生们帮助，让他们能够更快地融入大学生活。在海大四年的生活里，杨波学习认真，对待实习一丝不苟，对个人发展所需技能也有了深入了解，这对于他此后在工作岗位上的发展有很大的帮助。

工匠精神

　　"工匠精神更多的是倾向于做好自己的本职工作,就像我们的校训'勤朴忠实'一样。同时要在学习和工作之余更好地做好一些知识储备,并踏实努力。"杨波谈到工匠精神时说道。俗话说"山外有山,人外有人",无论是在学习还是工作中,我们都应该保持学无止境的心态,就像杨波学长所说:"参加一些专业的培训,包括与业内的资深技术人员多一些交流,都会让你在日后不断地提升自我。"

　　杨波在谈到选择考研还是选择就业的心路历程时表示,能读研,个人认为是一个继续提升的好机会,如果没有读研的话,在工作中学习,时时提高自己,及时给自己充电,也是一个很好的方向。"希望大家不是为了考研而去考研,而要选择自己比较感兴趣的方向。"俗话讲,兴趣是最好的老师,选择去做自己喜欢的事情,并且能够坚定自己的选择,将读书生涯习得的阶段性课业学习思维转化为终身学习的理念,不失为对"工匠精神"最淳朴的诠释,也是人生的一大幸福。

校友寄语

　　"首先还是祝海大110周年生日快乐!希望海大以后越来越好,能够带领更多的海大学子在知识的海洋里乘风破浪!"杨波表示:"在最初时期找到自己喜欢的方向,并坚定地走下去的话,那你可能就比工作一段时间后才发现你不适合当前行业而更加节省时间,也能更高效地在某领域达到一定的高度。"

27. 王舒

认真、用心、简单、纯粹

王 舒

女,上海海洋大学2014级电气工程及其自动化专业本科生、美国伊利诺伊香槟分校人力资源专业研究生,现于特斯拉(上海)有限公司从事人力资源工作,任高级招聘专员。

海大记忆

"我记忆中的海大是一个僻静的美丽桃源。"王舒这样说道。远离市区的临港校区为王舒提供了一个安宁的学习实践环境,她不仅成绩优秀,同时还积极参与各类学生工作,充分锻炼自己的能力。时任工程学院学生组织信息传媒部门负责人的她在众多活动中展现出优秀的工作能力,制作了很多高人气的推文作品。在海大工程学院十周年院庆期间,王舒顶住备考压力,在带领团队进行大力宣传的同时自己也精心准备了节目表演,为大家呈现了一场难以忘却的院庆盛典。看到院庆完美落幕的刹那,王舒长出一口气,之前所有的努力与坚持在那一天得到了证明,也成为她在海大最难以忘怀的记忆。

难忘师恩

谈到最难忘的老师,王舒的第一反应是胡媛老师。胡媛老师教授MATLAB课程给王舒留下了很深的印象,"胡媛老师十分和蔼可亲,教课也通俗易懂,我记得当时自己也在胡老师的 MATLAB 课程中取得了满分的好成绩"。胡媛老师作为王舒的毕业设计导师,在她困难时也给予了很多帮助。

行业分析与建议

在 2019 年硕士毕业后,王舒进入了互联网行业工作,但出于兴趣以及对于特斯拉企业文化的喜爱,她毅然转向了汽车行业。在担任特斯拉招聘 HR 的这几年中,疫情的反反复复,使得很多工作只能居家进行,高校的招聘会也受到了影响,诸类因素给王舒的工作带来较多的挑战,但她依旧凭借自己跨学科的教育背景以及出色的能力将其一一解决。

王舒说自己虽然从事的工作不再是电气领域,但平时接触到的大多还是我们电气专业的毕业生们,她站在企业招聘的角度分析说道,其实在招聘中,企业看中的更多是同学们真正的实践经验,无论是外出企业实习还是在实验室中钻研项目,都是一种将学到的知识与实践结合的过程。王舒就此提出了几项很有价值的建议:同学们在学习知识的同时要更加注重其实践性,思考如何才能将学到的内容转变为自己实践项目中的一个个步骤;如果电气同学课业压力太大,没有很多时间专门进行实习实践,就要更加重视课程配套的那些实验,抓住这些巩固和转化知识的机会,将学习计划设置得更加多元化,多去增长自己的各类知识储备,这样才能在未来的工作中更加游刃有余。

校友寄语

在寄语在校生时,王舒表示,第一点是希望学弟学妹们能够享受自己大学四年的时光,因为在工作后就很难有这样大块的空闲时间,可以在大学四年多多旅游,看看大千世界,找到自己的兴趣爱好;第二点是希望大家能够勤奋刻苦地学习,本科或者研究生期间学到的专业知识很大程度上会决定未来的人生走向,工作后也很难有一个能够沉下心来好好学习的机会了,现在积累的知识与技能也是大家未来能否实现自己人生价值的关键;第三点是如果学弟学妹们不太喜欢自己的专业,也可以在未来的学习生活过程中慢慢摸索,找到适合自己的方向,然后早早准备,一鼓作气抓住考研的机会;第四点是好好思考自己到底要不要读研,不要把读研当成逃避工作的途径;第五点是希望大家能够珍惜大学学生时代简单纯粹的友谊。

对于母校,王舒讲道:"首先是非常非常感谢海大,让我在这世外桃源般的校园度过了非常快乐的四年时光,其次很感谢四年的工科学习,让我拥有了更加全面的思维方式。最后就朴素地祝愿老师和同学们越来越好,祝海大越来越好!"

28. 潘陶红

少年当早觉　池塘春草梦

潘陶红

女,上海海洋大学 2012 级电气工程及其自动化专业本科生,本科期间以优异的学习成绩保送上海大学攻读硕士研究生。现于上海市华域汽车电动系统有限公司担任电机架构工程师一职。

求学故事

2022 年已经是潘陶红毕业的第十年了。她回忆道,当时入校的时候正逢海大百年校庆,自己非常有幸地参与到了校庆活动的一个表演当中,然后现在又能在喜迎海大 110 周年之时,参与到学院"行走中的工匠精神"主题访谈活动中,既是巧合,更是缘分。潘陶红表示,希望学弟学妹们可以把海大的优良传统传承下去,积极宣传,永葆青春烙印,树立文化自信。

当谈起学校与学生的发展,潘陶红对前景畅想充满希望:不仅仅要增强学科建设,也要提升学生自己的创新意识。她提及,自己与电机电力的关系是在小学期实训中深化的,特别强调了实践的重要性和必要性。海大即将迎来 110 周年生日,在校读书的学子要运用好本校深厚的历史底蕴,学校和学生是一个共同体,需要在未来合力,共同进步,迈向更好的未来。

工匠精神

潘陶红对于工匠精神的诠释有着自己的理解,她认为工匠精神可以体现在日常工作中,这也与工匠精神中的敬业、精益相一致。可以从日常工作出发,从基础的产品改良出发,踏踏实实地改善产品,提高自己的创新力,积累实战经验。潘陶红说,她认为工匠精神最好的体现就是两个"问题",一个是善于发现问题,另一个是勇于解决问题。这便是最基础、最本质的精神韵味,得以体现从业者的价值取向和个人追求。

她在海大求学期间,也作为学生会成员参与学校各类活动,因此也在学生工作中习得了宝贵的社会经验,她说,这段经历对她后续的生涯起到了至关重要的作用。例如学会了如何合理分配时间,平衡学生会工作与自己的学习,这增强了她个人的统筹能力。在潘陶红的学习和工作经历中,她认真的生活态度,在实践中不断锻炼自我的品质,就是我们能从身边人的故事中学到的工匠精神。

校友寄语

"大家的课堂时间是相对固定的,那么剩下来的时间你就可以好好地去规划,我觉得大家应积极培养自己对时间的掌控能力。"潘陶红还总结了自己的经历,指出从日常生活中学习到一些技能才是学习进步的精髓所在。"如果是在工作中,大多数可能就是比较实际的一些问题。像我们在学校可能会遇到很多的科研项目,我觉得参与这些科研项目也是大家很好的锻炼机会。在步入社会之前,我觉得大家可以多多参与这些项目,好好锻炼自己。"学习就是这样,再细微的事情也能从中学到知识。"人生就像一个没有back 的浏览器,一旦选择了某个链接,就没有回头的余地",为了不让自己面对太多可以后悔的时刻,我们应该多去寻找,多去创造,让自己拥有更多有价值的选择。

29. 马勇

务实求效，成就精品

马勇

男，上海海洋大学 2012 级电气工程及其自动化专业本科生，现于国家电网有限公司特高压建设分公司工作，从事国内特高压电网工程的建设管理。

海大记忆

马勇清楚地记得他入学那年报道日是 8 月 26 日，自己是提前一天来的学校，当时特别开心，同时也抱着对大学生活的期待。初进学校，马勇的第一印象是学校很新、很大、很漂亮，有河、桥、湖，还有临港最高的图书馆，造型十分别致，食堂的饭菜也很实惠。在日后学习生活的过程中他还发现学校的氛围特别好，平时有各类社团活动，大学生活动中心经常有一些演出活动，同时学校和老师们都非常支持同学们参加科创，给予了大家很大的帮助。

马勇回忆起自己大学四年的时光,其中有军训的辛苦,有参加竞赛活动获奖的快乐,有考试周大家一起通宵复习的紧张,有考研备考的煎熬,还有毕业离别时候的伤感。但其中最让他难以忘却的是海大的百年校庆。

马勇入学那年恰逢海大的百年校庆,学校为此举办了隆重的庆祝活动,那几日,他们配合校庆排练,换上了统一的服装,坐在东体育场西侧看台上,起伏地挥舞着扇子,形成海的浪花。马勇说:"我记得 11 月 3 日百年校庆那天,学校特别热闹,整个体育场挤满了人,还有校庆那天晚上绽放的烟花,特别好看,放了大约有 20 分钟。"看到校庆活动中来来往往忙碌的志愿者,马勇十分羡慕,他一直觉得志愿者是非常优秀的一群人。于是在这种感染下,马勇也立刻报名参加了学校的第十三届运动会志愿者,随后又担任了 2014 级新生班助,积极投身于各类志愿活动和学生工作中。这些闪亮的日子,都成为他大学里最重要的记忆。

难忘师恩

谈及最难忘的老师,马勇说道:工程学院有很多很好的老师,在电气工程及其自动化专业,自己也遇到了很多很好的老师。辅导员老师邵娇云、秦昊、李陆嫔,三位辅导员对学生都很好,很负责任。还有很多可爱的专业老师,吴燕翔、周悦、胡媛、李红梅、刘雨青、霍海波、杨琛、吴清云、赵波、吕春峰、匡兴红、谢嘉等等,老师们不仅学识渊博,学生们也都很好。很多学生毕业后也一直与老师保持联系。

印象比较深刻的课程有胡媛老师和周悦老师的电路课,刘雨青老师的模电课,赵波老师的数电和单片机课,谢嘉老师的电力电子课,霍海波老师的信号分析课,匡兴红老师的微机原理课,李红梅老师的电力系统和电机课,以及吴燕翔老师的自动控制原理和 PLC,这些课程都令我印象很深刻。

行业分析与建议

在采访中马勇向我们介绍了自己所处的行业背景,他说:我们国家特高压输电技术已经实现领跑和超越,在全世界特高压输电技术中走在前列。

特高压输电在"碳中和、碳达峰"行动目标和构建新型电力系统中扮演着重要角色,有着"稳增长、调结构、惠民生"的重要意义。2022年国家也提出要加大力度规划建设以大型风光电基地为基础,以其周边清洁高效先进节能的煤电为支撑,以稳定安全可靠的特高压输变电线路为载体的新能源供给消纳体系,充分肯定了特高压输电在能源结构中的重要作用,特高压输变电工程即将迎来又一次大规模建设,也预示着今后特高压输电广阔的前景。不过特高压输电技术还有一部分关键技术需要我们不断攻克,欢迎我们海大优秀毕业生能够参与到国家特高压输电工程建设中来。

马勇结合自己在国家电网的工作经历,分析说:工程学院是一个典型的优秀工科学院,他认为学院可以在日常教学外联合其他学院采用交叉培养、联合培养等方式,设立项目制导师团队,选拔一批项目制学生,以课题研究为主线,为项目制学生开设定制化课程,多专业融合教育,培养专业复合型人才。同学们在学习好专业知识的同时,也可以与经管学院的老师同学多加沟通,加强工程管理、项目管理方面的知识与技能,这样在未来既能选择成为一名专业技术扎实的工程技术人员,也能成为一名同时具备一定专业技术基础以及项目管理能力的管理者。

校友寄语

马勇认为工匠精神就是抓住问题不放松,积极投入,不断钻研,务实求效,成就精品,这和我们校训"勤朴忠实"的内涵很吻合。在我们工作中经常会遇到一些问题,我们需要不断检查、试验,最终找到问题的症结,然后再提出修改方案,最后把问题彻底解决。整个过程可能比较痛苦,但是最终成功的那一刻是极其令人愉快的。

对于学弟学妹们,马勇寄语道:"好好珍惜大学时光,不留遗憾;培养自己的兴趣,夯实专业基础,同时学习之外的生活也要多姿多彩!"对于海大,马勇则是满满地感激,他说:"海大让我拥有了一段宝贵的求学经历,也让我拥有了充满回忆的四年大学时光,希望海大能越办越好,希望海大学子越来越优秀,在各行各业都展现出自己的光彩!"

30. 蒋肖羊

勇于创新,敢于突破

蒋肖羊

女,上海海洋大学2009级电气工程及其自动化专业本科生,工作期间于同济大学攻读管理学硕士学位研究生,现就职于中国联合网络通信有限公司上海分公司,担任智慧城市事业部研究院与生态模块负责人。

校园经历

蒋肖羊非常热爱运动,在初高中均是校垒球队的一员,同时也是国家二级运动员。由于个人对棒球运动的热爱,以及先前经历的影响,在进入海大后,蒋肖羊也想创办一支球队来充实同学们的课余生活。但在初步成立棒球社时,她也遇到了重重困难,经费不足、人手不够、缺乏支持……但为了能够实现自己入校时的梦想,她与另外两位志同道合的同学从一点一滴开始积累,从不轻言放弃。为克服资金问题,他们与多支上海高校棒球队联谊,收集多余器械,慢慢积累属于自己的人脉与资源。通过一轮又一轮的招新,棒球社的队伍不断壮大,在爱恩学院外教老师的点拨和队员们的刻苦训练下,棒球队也在高校联合比赛中取得了不菲的成绩。不仅如此,在这支棒球队的"元老级"人物毕业后,他们还一同在校外成立了一支新的球队,并以其为基础,逐渐壮大,在业界颇具声名。在校期间,棒球队的故事给蒋肖羊留下了深刻的记忆,她认为,大学给了自己一个投身热爱之事的平台,在付诸努力中找到价值,也不知不觉地锻炼了自己的统筹能力、协调能力以及社交能力。

在访谈过程中,谈及对正在读大学的学弟学妹们的建议,蒋肖羊总结了三个关键点:不怕失败、接受转型、时刻做好准备。"人总是会失败的,失败是非常好的经验",面对还在校园的学弟学妹们发出的探索性问题,她这样答道。人生的意义在于起起伏伏,有高有低,文似看山喜不平,真正通达不凡的生活也是如此。要在失败和转型中,找到真正属于自己的赛道,入门要正,视野要广,眼界要高,不局限于某一专业或某一行业,时刻为了可行性和可能性而准备,积极在实践中寻找意义和价值。

校友寄语

结合自己的经历,蒋肖羊认为,工匠精神是在自己感兴趣的领域或者在有发展前景的赛道上朝着某一个目标去不断努力。在此基础上,还要保持一颗赤诚的初心,踏实且坚持不懈地向着目标迈进。

恰逢母校 110 周年校庆,蒋肖羊也对母校表达了自己的祝福:"东海之滨桃李芬芳,海纳百川薪火相传",希望母校能越办越好,更多地联通校外资源,立足临港新片区的热土之上,发展新篇章,培养出更多的复合型人才,将海大"勤朴忠实"的校训传承下去。

31. 阮春燕

青春韶华，一往无前

阮春燕

　　女，中共党员，上海海洋大学2012级电气工程及其自动化专业本科生，毕业后，就职于施耐德电气（中国）有限公司上海研发中心。她曾获上海海洋大学"优秀学生标兵"、上海海洋大学"优秀毕业生"等荣誉称号，曾多次获上海海洋大学人民奖学金；大学四年来积极参与学校组织生活和科技创新活动。

青春向党

　　大学期间，阮春燕任班级学习委员，在班级里乐于助人，积极主动地辅助任课老师，深得老师和同学们的喜爱，同时在工程学院党支部任职，协助各小组积极完成相关党务工作，还在上海海洋大学教工之家担任行政助理工作。大三时，参加上海海洋大学暑期香港理工大学访学交流项目，这无疑是打开她眼界的一次机会。她一边学习专业知识，一边穿梭于学校的组织生活中，使她的大学生活愈加丰满多彩。

咬定青山不放松

面对行业的机遇与挑战，大部分人估计是处于比较迷茫的状态，但我们不能因为迷茫就失去了方向。我们要不断尝试，不断努力，去发现自己的特长和机遇。不管你现在是什么样的角色，如果你没有想好如何转变和选择，那就做好眼前的事情，沉住气，稳下来，把自己的事情做到最好，不要抱怨，不要"摆烂"，而是要"支棱"起来。

人生寄语

阮春燕这样寄语学弟学妹们：学习好专业知识是必需，给自己未来的工作打下良好的专业基础，能让你在求职路上从容不迫；积极参与学校的组织生活和科研活动，也会给你的求职路添砖加瓦。总之，珍惜你现在的校园生活，享受你当下的校园生活，这无疑是你以后步入工作岗位后美好的回忆。

32. 季佳骋

蓝图先行，逆流而上

季佳骋

　　男，上海海洋大学 2008 级电气工程及其自动化专业本科生。现于上海汽车集团有限公司乘用车分公司任主管工程师，主要研究领域为自动化控制及工业机器人，近期参与智慧无人工厂建设。

校园故事

　　谈及对校园的印象，季佳骋讲道，2008 年刚进海大的时候，他是作为第一批学生来到临港校区的，第一印象是校园很大，但由于刚刚建成，还较为荒凉。反观当前海大校园，他深感时代的变化、学校的发展。现在校外的共享区，生活配套非常完善。

　　论及印象最深刻的老师，季佳骋谈到了他和当年的电气系主任吴燕翔老师的师生奇缘。他说吴老师的课程，自己学习得非常认真，但对于电路的一些基础理论知识学习,还是有些薄弱,经过与吴老师的不懈探讨,终于成功克服了这个问题。

海大建校 100 周年之际,季佳骋也曾回到学校看望吴老师及系里的其他老师。最巧合的是,有一次吴老师带领学生去到他们工厂参观,两人相见甚是惊喜,畅谈许久,再续师生缘。

工匠精神

"工作中的最大困难是每个阶段承担的项目都是不一样的,有时面对的问题、分配到的项目是从未接触过的,而自身已在进行中的项目也多而紧急。"在询问工作中遇到的困难时,季佳骋这样说道。在面临如此压力之时,他没有慌张失措,他深知这是对自身能力的考验,需要其在时间的把控上有一个合理的规划,于是他着手将自己分为项目中的多个角色,有序地完成每一步的工作,克服遇到的难题,锻炼自己的抗压能力和时间规划能力。"上海的节奏是非常快的,我们在遇到难题和压力时,一定要去克服、去分解",季佳骋强调了自身看待问题的态度,他在遇到难题时,持有的态度为"不是我做不到,而是一定要做到",化繁为简,努力攻破。

校友寄语

"想要继续在主修专业领域工作,一定要充满热情,要喜欢这个专业,否则可能会觉得难度大,内容枯燥又无聊,最重要的是要去选择自己喜欢的岗位。"谈及给学弟学妹们的经验,季佳骋首先谈到了对就业问题的选择。"实践这个东西是非常有必要的,书本上或者是老师实验课教给你们的东西是'死'的,外面还有很多我们从未看到的东西,我们要做的是提前去接触了解,亲身实践,拓宽自己的知识面。海大经历了那么多年,有很深的文化底蕴,有很多优秀校友。有感兴趣的领域可以去咨询和其相关的校友,这是一种非常好的方式,通过这样的方式,也可以让大家知道这个行业大概的模样。"恰逢海大 110 周年校庆,回想海大悠久的历史,他想到了百年老校的优势和资源,建议大家去合理高效地使用。

33. 黄佳

把握当下，展望未来

黄佳

　　男，上海海洋大学 2010 级电气工程及其自动化专业本科生，曾担任工程学院学生会外联部部长一职。现任上海商米科技集团股份有限公司资源工程师，主要负责电子整机商品的采购，挑选潜在的合作供应商。

海大记忆

　　黄佳回想自己当初刚到海大，遥远的路程给他留下了十分深刻的印象。由于海大是 2008 年搬迁到临港，周围的娱乐设施并没有多少，附近也没有地铁，记得当初到学校最快的方法就是从龙阳路地铁站坐龙港快线直达上海海洋大学，由于要上高速，给人一种海大并不在上海的感觉。

　　但地理位置的偏远换来的是优美的环境和崭新的校园设施。来到学校的第一天，黄佳就被学校深深地吸引住了。清新的空气，偌大的校园，先进的基础设施,这都让黄佳更坚信当时的选择是正确的。除此之外,班助们对新生的帮助与关怀也给黄佳留下了极为深刻的印象。良好的学习氛围和友好的师生关系都在他心中埋下了一颗小小的种子,让他决定要潜心在大学中不断深造。

在一次学生会的招新中,黄佳因其热情的举止被外联部部长选中,一向内向的他并没有放弃这次机会,而是不断锻炼自己,从一个内敛的男孩慢慢变得健谈起来。在其之后的大学生活中,他顺利担任了工程学生会外联部部长一职,这一年的工作经历极大地提高了他的社会交往能力。大三的时候,黄佳担任上海海洋大学百年校庆志愿者,依稀记得校庆当天早上的启动会,志愿者需要协助院长去接待校外嘉宾,一直忙到凌晨四五点,记得当时校长请每人吃了一份蛋炒饭,所有人都吃得很开心。尽管志愿者工作十分劳累,但他享受其中,乐此不疲。

大三的时候,黄佳面临着竞选学生会主席和考研之间的选择。选择学生会主席必然会多少影响到考研备考,他清楚自己想要什么,因此果断地放弃了竞选,努力备战考研,最终成功考上上海海洋大学的研究生。在黄佳看来,他度过了既轻松又充实的大学时光。

难忘师恩

谈及工程学院的老师时,黄佳表示,学院许多老师的敬业精神都给他留下了深刻印象。其中,令他印象最为深刻的老师便是宋秋红老师,宋老师教授的课程是工程力学,由于他上课风格幽默风趣,再加上偶尔的东北口音,听他的课十分轻松,能够自然而然地沉浸其中,回想起自己当初上宋老师的课,每次都要和同学去抢前排的位置,黄佳不由得笑出了声。不同老师间迥然不同的教学风格也给黄佳的大学生活带来了一番别样的乐趣。

行业的机遇与挑战

作为一位资源工程师,黄佳主要负责公司各种材料的采购,与供应商和合作方的协商就需要极强的沟通能力,当初在学生会担任外联部部长,使得对外交流能力有了极大的提升，这为现在的工作打下了坚实的基础。

"当你步入社会，你会发现大学与社会的包容度完全不一样。大学会给你更多的试错机会，可以给你重考、补考与重修的机会。而社会没有这么多试错机会，因为你无法估量你犯的错会给公司或者给你个人带来多大的损失。这就要你全神贯注地去投入自己所做的每一件事。"谈及学校与社会的不同时，黄佳这样感慨道。他十分怀念美好的大学时光，同时也希望在校的学弟学妹们能珍惜大学时光，不断挑战自己，锻炼自己，为今后的工作做好充分的准备。

校友寄语

"在经历过高中三年的刻苦学习后进入大学，我们不能一味地放纵自己，而是要提升自我，不能忘记我们的身份依旧是学生，学习仍然是我们最主要的任务。与此同时我们要规划好自己的大学生活，明确自己未来的发展方向。"黄佳这样寄语学弟学妹们。

对于海大，这片承载着他太多青春美好记忆的土地，黄佳也有许多话想要表达："其实我很庆幸能够在自己 19 岁到 26 岁这么好的年华遇见海大，也非常感谢母校对我的培养和给我这么多试错和尝试的机会。在 110 周年校庆之际，祝愿母校将来会有越来越多的专业入选'双一流'的建设学科，也祝愿母校早日建设成为世界一流特色高校。"

34. 党天一

保持热情，提升自我

党天一

　　男，上海海洋大学 2013 级电气工程及其自动化专业本科生，现于杜尔涂装系统工程(上海)有限公司担任项目经理，主要从事汽车涂装工作。因其具有极强的领导能力与交流能力，常到世界各地进行项目洽谈。

海大记忆

　　党天一回想他初入上海海洋大学的时候，由于学校 2008 年才搬到临港校区，在他就读期间，校园周围并没有如今的共享区，有的只是一个农工商超市。但庆幸的是课余生活并没有想象得那么枯燥，印象最深刻的是上海世博会期间，党天一有幸担任了游泳锦标赛的志愿者，在此期间他开阔了视野，锻炼了自我的交流能力，这段经历也为其大学生活增添了浓墨重彩的一笔。

难忘的老师

谈及工程学院的老师时,党天一一时不知从何说起,众多优秀负责的老师成为他难忘的大学生活中不可或缺的一部分。尽管时隔多年,有的老师已不再任职,但老师们在一点一滴中传达出的爱生之情,他都牢牢地记在了心中。后来,他也列举出了一些令其印象深刻的老师,例如赵波老师、曹莉凌老师、刘雨青老师、霍海波老师、吴清云老师等,他们对教学的认真与负责让已工作多年的他提起时依旧动容。在回忆过往点滴的过程中,党天一也询问了老师们的近况,得知有的老师仍在教授相同课程时,他又仿佛变成了十年前那个坐在教室听课的少年。

行业机遇与挑战

因为巧合,党天一毕业后便一直就职于杜尔涂装系统工程(上海)有限公司,中途未曾换过工作,这一干就是八年多。直到去年才担任项目经理,前七年都是做现场安装调试工作,在此期间也多次出差去进行项目的跟进。其中,大项目可能要一到两年的时间,小项目也至少要几个月的时间。从跟着别人做项目,到后来一个人带领整个项目团队,独当一面,期间充满了艰辛与汗水、收获与喜悦,这也鼓舞学弟学妹们,积极探索,勇于挑战。

2016 年,党天一去白俄罗斯做吉利汽车的一个项目,即建一个新厂。这个新厂也是整个白俄罗斯第一个乘用车生产线。而这样的生产线在中国有几百个,可见白俄罗斯在汽车方面远远落后于我们。

"2018 年我又去了马来西亚,也是吉利的一个项目。2019 年我又去了印度,是 hero 摩托车的项目……"回想起自己前七年的工作时光,都是在不停地出差中度过。一年中有两三百天在外出差,路途的奔波,紧凑的行程,这都是常人所难以忍受的。然而,对于党天一来说,他却把一次次的出差当作领略自然风光,了解当地风土人情的机会,这也给他原本枯燥乏味的工作带来了乐趣与色彩。这样乐观积极的心态来源于他本身外向的性格,更来源于他对于工作的那份热爱、执着与专注。

在工作过程中,党天一觉得收获了很多,自己的交流能力得到了极大的提升,攻克难关的能力也不断增强,视野更加开阔。多方面能力的提升也是他一直对工作保持热情的原因之一。

校友寄语

"希望学弟学妹们珍惜在海大的每一天,也希望你们以海大为荣,最后祝愿海大110周年校庆快乐。"党天一这样寄语学弟学妹们。步入社会这所综合大学后,我们将会遇到很多的压力和未知的挑战,要保持乐观向上的生活态度迎接这一切,努力在工作中找到乐趣,把才华发挥到极致,找到人生的价值所在。

35. 陈凯盟

认清定位，勇于试错

陈凯盟

男，中共党员，上海海洋大学 2007
级电气工程及其自动化专业本科生。曾
工作于江南厂旗下子船厂船舶设计院，
现于阿法拉伐(上海)技术有限公司任高
级产品专员，从事船舶设备相关工作。

校园故事

谈及对校园的印象，陈凯盟校友上学期间经历了上海水产大学(上海海
洋大学前身)新、老校区的更换。他谈道，当时进到这所学校，自己对专业的
认知是欠缺的，提及水产大学，在普通的概念里，外界最先想到的可能是水
产养殖、生态环保一类的专业，而他却在懵懂中与电气工程及其自动化这个
专业结缘，在刻苦学习中认清自己和专业的定位，干一行，爱一行，专一行，
精一行，一步一个脚印，踏实步入社会，最终成为专业技术岗位的工作者。

谈起在校期间印象深刻的老师与课程,陈凯盟提到了赵波老师的单片机课程、匡兴红老师的微机原理课、吴燕翔老师的自动控制原理课,这些专业的理论课程为其后续工作打好了基础,宽口径的课程设置也拓宽了他的就业选择,使其在职业发展中不断尝试和奋进,实现自己的人生价值。

工匠精神

"遇到了没有发生过的故障问题,缺乏前人的经验总结和案例",这可能是很多专业技术岗位工作者都会遇到的问题。陈凯盟谈道自己在工作中也遇到了这样的困难:"从头去摸索这个过程需要花费大量的时间,在船厂工作时,自己也是历时前前后后两个多月的时间,不断去做一些论证性的实验以及准备工作,最终帮助客户达到满意的结果。"

在现实工作和社会生活中,遇到从未发生过的问题是常见的,但能够花费大量时间独立思考,不断试错、修正,向更好的解决途径持续迈进的人是鲜少的。能够将既往经验用于不同阶段的实践过程,去发现、寻找新的方法论,勇于尝试、不轻言放弃,这是陈凯盟展现的工匠精神。

校友寄语

"对于在校的大学生,首先应该明确自己的定位,根据自己的性格特点、兴趣爱好做好未来的工作规划,了解大型企业的信息和要求,顺应国家发展战略,提升自己的专业知识和能力",谈到给学弟学妹们的经验时,陈凯盟这样说道。此外,在大学期间参与社会实践和岗位实习的话题探讨中,他明确表示,回归根本,还是那一句"认清自己的定位"。希望学弟学妹们能够尽快对自己进行正确地评估认知,关于课程外的实践活动,需要大家根据自身的兴趣和特长做出选择,没有必要为了实践而实践,大学期间关键在于提升自己各方面的能力,如果有益,勇敢去尝试,务实并奋进。

36. 潘明杰

兢兢业业，保电利民

潘明杰

男，上海海洋大学 2017 级电气工程及其自动化专业本科生，毕业后，在国家电网明光市供电公司工作，任职配电运检班班长岗位，从事配网运维检修，负责明光市的电力供应及检修工作。在大学生活中，他认真学习专业知识，提升专业素养。同时，他也乐于服务同学，曾担任辅导员助理，积极帮助老师和同学，也不断提升自己的工作水平和沟通能力。

年少励志深，奋勇追梦人

潘明杰先前居住在国家电网附近，在上大学前便对电气产生了浓厚的兴趣，来到大学后，他进入了电气专业，和他的理想工作专业对口。在大学期间，潘明杰认真学习专业知识，不断提高专业水平。在访谈中，他告诉我们，课程设计类课程令他印象深刻，在这类实践课程中，他能把学到的知识转换为实际的设计，锻炼了信息收集、项目规划和实施、突发问题处理等多种能力，为以后进入电网工作打下了扎实的基础。同时，潘明杰还担任辅导员助理,他乐于助人,做事勤恳,深得同学和老师的赞许。在此期间,他掌握了多种处理问题的能力,也提升了与人沟通的水平。

在进入企业工作后,潘明杰勤勤恳恳,兢兢业业,每时每刻保持精力充沛,126条配网线路牢记于心,为了人们工作生活中的正常用电,投身于繁忙的保电事业中。

拘谨细心安全重,保电万民安心时

"工匠精神是近年来一直流行的词,其实对我来说,很早就对这个词有认知了,大学时候最喜欢的一个纪录片,叫作《大国重器》,里面就说到工匠精神的意义。工匠精神其实也是我比较看重的精神,工匠精神是推进发展的重要动力,电气工程及其自动化更需要工匠精神,不断推动技术进步和产业升级。"谈到工匠精神时,潘明杰这样向我们讲述。他说:"在校和工作最大的不同就在于对事情的处理上,在校时,作业做错了也没关系,还有机会改正,但是在工作中就不一样了,你要在完成工作的同时,把工作做好做实,因为一出错,可能就是生命危险或者经济损失。像我们电力行业,一出错可能就会造成人身伤害或者电力事故。这就要求我们在工作中不能出一丝差错。"

正是对于工作的严谨认真与责任心,潘明杰拥有了属于自己的工匠精神和职业精神,这也是他走到今天的根本原因。他说,一定要开拓自己的眼界和增长见识,同时养成良好的职业精神和素养,不能眼高手低,要把每一件事做好,即使是一件小事,也要认真去对待。

回首海大,寄语学子

2022年是海大110周年的大喜之年,潘明杰对母校进行了真情告白,他说:"祝海大110周岁生日快乐,扬帆远航,筑梦南海,争取更多专业进入'双一流'行列。"

同时,他向学弟学妹们赠言:"好好珍惜大学生活,毕业之后你会发现时间如流水,过得飞快。在学校的日子里,一定要珍惜时间,不断提升动手实践能力和创新能力,最后祝你们前程似锦。"

37. 阿力甫·吾甫尔

千锤百炼,鹰击长空

阿力甫·吾甫尔

男,维吾尔族,上海海洋大学2017级电气工程及其自动化专业本科生,在校期间曾获得上海海洋大学人民奖学金,同时积极响应国家号召应征入伍,服役期间曾奔赴抗洪救灾一线,因表现出色,圆满完成抗洪救灾任务,被授予"优秀义务兵"称号。目前,他就职于国网新疆电力有限公司吐鲁番供电公司。

涅槃重生终有时

阿力甫·吾甫尔是一名思想认识到位、学习品德端正的学生,服役结束回校后,他着重从两方面提升和打磨自己,一方面是理论学习的补足,他把大量的时间用于基础知识的学习中,知识的深度和广度都有长足进步;另一方面是注重理论与实践的结合,他利用假期去实习,在实践中加深对理论知识的理解。实习工作经历让他决定毕业后直接就业,大四时便关注各类招聘信息,学校就业平台发布的国家电网招聘信息让他十分感兴趣,他从专业、企业匹配度和地缘等因素综合考虑后向国网投去简历。

　　国家电网的招考流程分为笔试、面试、体检和考察，对求职者来说需要具备扎实的理论基础、出众的语言沟通能力和过硬的问题解决本领。面对这些实打实、硬道理的要求，阿力甫·吾甫尔没有畏惧，而是脚踏实地地走稳每一步，不断完善自己。2020 年下半年准备期间，他的作息时间是"早八晚十"，经常学到凌晨。"底子弱、效率低，那就多费些时间。"他笑着说道。即便如此努力，在 12 月份考试时，胜利的天平也没有向他倾斜，面对失败的痛击，他没有沮丧、没有放弃，更没有逃避，而是认真分析不足后继续投入准备中。涅槃重生终有时，不悔青春奋斗日，天道酬勤，终于在 4 月份考试中他发挥得淋漓尽致，展现得无懈可击，实现进入国家电网的梦想。生活中，失败是常态，但不抛弃、不放弃的信念足以支撑成功的眷顾，只要坚持过，努力过，奋斗过，当一切烟消云散时，那抹自信的微笑将无比灿烂。

寄语未来

　　"我认为面对社会给的考验，最重要的一点是练就一身硬本领，以不变应万变，把更多的时间用于课堂学习、学术交流和动手实践中，真正做到理论与实践的融会贯通；再者，要有一副好心态，如何面对失败是适应社会的必修课，要有坚定的毅力、不认输的韧劲和不放弃的信念，毕竟成功之路没有捷径，唯有脚踏实地；最后我想说相信自己，要想他人、社会认可你，你必须先认可自己，鹰击长空，鱼翔浅底，都是从弱小变为强大，不要过分在意他人的目光，自信的你终究会成为强大的自己"，阿力甫·吾甫尔面对镜头这样寄语学弟学妹们。

　　千锤百炼，鹰击长空，历经千帆，强大的自己已然站在山巅。

38. 江智清

蜿蜒曲折，破茧成蝶

江智清

　　男，中共党员，上海海洋大学2017级电气工程及其自动化专业本科生，目前，他在上海华虹宏力半导体制造有限公司工作。他曾获上海海洋大学"优秀共产党员""优秀团员干部""社会工作积极分子"等荣誉称号，曾多次获上海海洋大学人民奖学金；大学四年来积极参与各类科创赛事，曾获2019年全国环境友好科技竞赛一等奖、第十二届iCAN国际创新创业大赛上海浙江赛区一等奖和第四届上海市"汇创青春"大赛三等奖。

目标探索

　　大学期间，江智清任班级团支书，他乐于助人的性格深得同学和老师的赞许，同时在学校团委（学生组织）任职，期间参与审核团员推优、处理团组织关系转接等工作，学生工作的投入让他没有迷失在陌生的大学生活中。大三时，他接触科创，第一次参与就激起他极大的兴趣，那感觉如"穿云箭"

般正中他的心矢,他决定全身心投入科创领域中。他边补充理论知识,边谦逊学习,提升动手实践能力,不懈的努力让他在之后的各项大赛中斩获佳绩,科创的经历让他确定了未来目标——考研或从事科研工作。

实习体会

"考研是一项不错的选择,但没考上也并不意味着一无所有,因为把握住就业同样可以创造大有可为的未来,毕竟大家都会走向社会,参加工作。"江智清回忆考研失败时说道。真正的失败是自我定位的缺失,是怨天尤人的抱怨,是逃避现实的怯懦,江智清面对差之毫厘的"研究生"身份,没有消沉,而是毅然从失落中迅速调整过来,积极利用学校就业平台发布的信息,认真分析自我优势与企业匹配度,在众多招聘中选择了上海华虹宏力半导体制造有限公司的光刻助理工程师岗位。他在分享两个月的实习体会时说,"实习经历对于了解自己和选择企业来说都十分必要,首先要了解企业文化与你的契合度,判别自己适不适合这家公司,可以从企业文化和工作氛围中寻找答案,比如看"996"文化或公司管理制度能不能接受;其次是了解企业晋升渠道,从事目前岗位未来三五年后会达到什么层次,十年后又会达到什么层次;最后是企业发展的前景,要想个人有好未来,你的'跳板'或脚踩的'土地'必须结实,毕竟个人发展与企业发展是密不可分的。所以实习是让自己寻找到合适的企业和岗位的重要环节。"

寄语未来

"希望学弟学妹首先要学好专业课,练就一身好本领,这样在毕业求职时便可从容应对;其次是要规划好未来,考研和就业都是不错的选择,考研可以拓宽视野,提高能力,就业可以激发潜力,创造无限可能;最后希望大家要脚踏实地,不要妄想一步登天,也不要妄自菲薄,强基础,树自信,未来一定很光明。"江智清这样寄语学弟学妹们。人生路没有一帆风顺,总会有蜿蜒曲折,我们一定要自知、自信、自强,培养自己面对困难时处变不惊的心态,如此便会破茧成蝶,鳞翅满天。

39. 陆云

缘起海大，逐梦未来

陆 云

女，上海海洋大学 2012 级电气工程及其自动化专业本科生，辅修会计专业。在校期间荣获上海市大学生计算机应用能力大赛三等奖、联想平板笔记本 YOGA 创意营销大赛上海赛区十强、用友杯 ERP 沙盘模拟经营大赛上海海洋大学赛区二等奖。此外，陆云还跟随学院老师赴塔斯马尼亚大学交流学习。

勤勉向上　充实自我

大学期间，陆云勤奋刻苦、认真学习。"在每次考试前，班委都会组织自习，大家熬夜看书，同甘共苦，十分难忘。"每每回忆起在校的学习生活，陆云便会感慨万千。此外，她还参加社团活动，立足校园环境进行校园推广活动，这为她后续深耕会计领域打下了一定基础。大三结束她就修完了全部的课程，然后利用大四一整年的时间参加实习。陆云表示：一年的实习是一个很好的缓冲阶段，在一定程度上帮助自己完成身份上由学生向社会人士的快速转换。

变换思维　开拓进取

毕业后,陆云在上海江南造船厂有限公司工作。"目前我在公司担任会计工作,近年来船舶行业低迷,无论是行业本身还是企业都面临着巨大的变革,但只要自己勇于创新,就可以在挑战中成就自我。"此外,陆云表示可以从三个方面提升自身能力:首先是打磨自己的专业技能,其次是尝试着与即将要从事的行业内的人员进行一定的交流以加深自身对行业的了解,最后是提升自己的沟通能力。

坚定理想信念　激扬青春船帆

"我踏入海大校园时恰逢海大百年校庆,而今又逢海大110周年校庆,我十分怀念曾经的校园生活,我也希望学弟学妹们可以珍惜自己在校的时光。希望同学们在完成学业之余,挖掘自身感兴趣或者擅长的领域,可以跟着学业导师参加科创项目,锻炼自己,积累经验,以从容面对将来的实习工作;此外,也要提前建立对大学生活乃至人生的规划,根据自身实际选择考研或者就业;最后希望有更多的海大学子可以为社会做贡献。"我们都是海大人,都有一颗海大心,愿我们都可以从海大启航,时刻保持乐观向上的心态,在未来创造属于自己的一片天地。

40. 陶洁

抓住机会，稳步前行

陶 洁

　　女，上海海洋大学 2017 级电气工程及其自动化专业本科生。在校期间，陶洁作为学生会主席，展现了新时代大学生干部的风采。目前就职于上海三菱电机·上菱空调机电器有限公司，工作中认真负责，做出了属于自己的成绩，她在各方面都体现出了工匠精神。

海大好回忆，职场初印象

　　"一帮人心往一处使，克服很多困难，然后达成一个目标，这会带给你很大的一个成就感。"说起在校的学习生活中最深刻的记忆，陶洁认为是学生会的那段经历。从干事到部长再到主席，都给她带来了美好的回忆，这段经历也对她在企业中的适应和成长起到了积极作用。

　　陶洁表示：企业的生活没有大学中那么多姿多彩。在假期进入一些企业实习，与社会接轨，积累一些经验是一个不错的选择。大学生进入大学，要尽早树立一个对未来的规划,然后按照这个规划安排时间。

适应新发展,校友有建议

陶洁感叹,现在很多年轻人,一听到制造业,就不太愿意干了。但是现在传统制造业,正在经历数字化转型的过程。以前不管公司生产什么,顾客都乐意买单。因为市场上面的供给还没有那么大。但是现在的话就不一样了,大家对高质量生活的要求越来越高,所以这个时候,我们肯定要引进一些新的数字化手段,不然很容易被市场淘汰。

母校周年庆,校友送祝福

"毕业后我也在一直关注海大,与辅导员老师也保持联系。每年都会至少来临港一趟,给老师们带点礼物。很多老师都住校,牺牲了自己的时间,为学生做了很多事。在我本科四年,学校给我的感觉很好。在我毕业之后,学校评上了'双一流',发展得越来越好,希望整体上能够维持住优势学科,也希望工程学院能够越来越好。"我们都是海大人,希望每一位工程学子,都能够在毕业之后找到一个好的归宿。

41. 王彦凯

心有鸿鹄，开华结实

王彦凯

男，上海海洋大学 2011 级电气工程及其自动化专业本科生，目前在上海邮电设计院工作，担任交付项目经理。

相识海大，不负韶华

海大在 2008 年刚搬去临港，当时要坐好长时间车过去，虽然有些辛苦，但是新校区的美丽环境和学校旁边宁静的海滩，让这一切疲劳都瞬间消散，王彦凯很喜欢在这优美的环境下思考问题。令王彦凯印象最深刻的老师是我们学校的刘雨青老师，他当时参加了电子公司的电子创新课程，他认为刘老师的教学非常有意思，与实践相结合，我们在学会焊接电路板的同时，也学到了新的知识，并且在课上学到了很重要的一点是一定要有发现问题、提出问题、解决问题的能力,这种能力在工作当中也是非常实用的。他在大学期间,曾经去日本进行了为期一年的交换学习,因为交换生计划,所以他回国之后要补齐很多学分,当时令他非常头疼,但是海大的老师对他细心指导,及时鼓励他,启发他,给予他很大的帮助,这令他印象深刻。

认真工作,体现担当

他在参加工作后,也有很多的心得体会。王彦凯认为,刚进入企业时感受到的氛围跟学校还是比较相似的,一开始也会有老师来负责带他们,在企业中要锻炼许多能力,要多增加工作经历和社会阅历。王彦凯认为,在学校大多数存在两类人,一类是比较重视学习,但是不擅长社交,另外一类恰恰相反,比较擅长社交,但是学习相对比较放松,这两类同学都有需要加强的部分,在社会上,社交很重要,当进行社交之后,才会更加深刻地了解社会如何发展,但是只社交不努力学习也不行,在很多时候必须要回归到书本里面去,遇到很多紧急问题时,答案就在书本里面,只是平时没有注意到罢了。在真正参加工作之后,会发现我们每一个人其实是社会的一分子,我们的能力很薄弱,需要跟着周围的同事一同协作完成任务,但是即便如此,我们也要体现好工匠精神,要将自己的工作严格执行,拧紧每一颗螺丝,守卫自己的工作岗位,同时也要学会运筹帷幄,有大局观,要能够决胜千里之外。

这次疫情,王彦凯也在上海,也亲身参加了抗击疫情的活动。令他印象最深刻的一句话就是,即使粉身碎骨,也要把疫情控制住,这种气魄和勇气让他感动。

庆祝海大,共同成长

2022年是海大110周年,即使毕业了,他也一直关注着海大,近些年海大一直不断努力,历年的分数线不断提高,师资力量逐年提升,与企业的对接程度也逐渐密切了起来。他认为,海大可以跟国家战略更紧密地结合在一起,工程学院在科技创新方面,有很大的优势,也有很强的能力,习近平总书记曾说过,我们要走向海洋,目前,王彦凯在进行一些数据中心基础设施建设的工作,他希望学弟学妹们能够珍惜这四年的时光,大家一起努力,共同建设国家,建设海大,也希望海大未来越来越好,为我们的国家、社会输送更多的人才。

42. 吴子超

形劳神不倦　吃苦趁年华

> **吴子超**
>
> 　　男,上海海洋大学 2014 级电气工程及其自动化专业本科生。他曾多次获上海海洋大学人民奖学金,大学四年来积极参与各类科创赛事。

积极奉献,提高自我

大学期间,吴子超任班长,他乐于助人的性格、为集体做实事的态度深得同学和老师的赞许,他同时在工程学院学生会(学生组织)任职。本科三年级时,吴子超在工程学院十周年院庆的策划工作中,积极联系赞助,协调各方面以使活动正常进行,出色完成工作。"班长等学生工作的经历不仅为我的简历加分,也让我的综合能力得到显著提升,使我能更好地与社会接轨。"

端正工作态度,提高工作质量

毕业后,吴子超在远景科技集团从事能源规划方向的工作。"能源行业在最近几年一直是热门行业,尤其是新能源。"吴子超对他所从事的行业表示充分肯定。不过他也表示,这份工作对从业人员的要求是比较高的,与学生时代的标准不同,进入社会后,在实际工作中必须时刻秉持严谨认真的态度,反复校验工作状态,坚决杜绝较大的纰漏。在谈到工作收获时,吴子超这样说:"如此的工作要求是一个不小的挑战,但在经过一系列的调整之后,我的接受挫折的能力和心态都有明显的改善。"

笑迎挑战,展望未来

"希望学弟学妹对自己的未来有一个长远清晰且相对稳定的规划,在保证完成基本学业之余,尽可能去参加一些科创项目或是学科竞赛,在具体实践活动中锻炼自己的能力,强化自己的心态,力争成为对社会有用的复合型人才。最后祝愿母校能够继续发展自己的一流学科,围绕海洋背景深度打造一系列专业,为社会输送更多的人才。"人生从来都不是一帆风顺的,生活里处处是挑战,但只要能保持良好的心态,拥有过硬的专业素质,一定可以创造属于自己的一片天地。

43. 张琛琪

创新、沟通、前进

张琛琪

　　男,中共党员,上海海洋大学 2015 级电气工程及其自动化专业本科生,毕业后,他在上海三菱电机·上菱空调机电器有限公司工作。

重温初入校园,感慨步入社会之不同

　　张琛琪于 2014 年入学,次年由朝鲜语专业转到工程学院电气工程及其自动化专业,目前从事空调的开发及测试相关工作。采访中张琛琪回想起自己当时作为新生到学校报到的场景,"第一天和爸爸妈妈在学校逛了好久,从教学楼到图书馆",不禁感叹校园环境之舒适,学习环境之温馨;即使毕业多年,仍对专业课的老师记忆犹新。毕业之后步入社会开始工作,与在校学习生活的极大不同之处就在于所扮演的社会角色及承担的社会责任不

同。张琛琪还说道，即使在工作中也要拥有学习能力，不断向前辈学习理论知识及相关技术。

明行业之机遇与挑战，懂百年工匠之初心与坚持

"2021 年受市场材料价格上涨及疫情的影响，销售供货都很困难，导致克服物品价格上涨成为目前空调行业最大的一个挑战。"张琛琪向我们分享到，人们对空调的渴求不仅仅在于调节温度，更多的是健康与安全。"十四五"规划提出生态文明建设方面要实现新进步，这就更加要求我们在技术方面及产品上创新，同时要开发一些绿色产品及加大推广力度。提到"工匠精神"时，张琛琪对其的理解是"不忘初心，代代传承优良品质与技术"，不论是百年工程还是日常工作中的小工程，我们所做到的爱岗敬业、坚持学习创新、诚信等等，都可以被称为"工匠精神"，同时，将这些可贵品质寄托于工匠的技艺之中并将其代代传承，也就是"工匠精神"了吧。

逢百年之校庆，送真诚之祝福，传学习之经验

"在校学习期间我们需要积累扎实的基础知识，培养基本的学习技能。"张琛琪提到自己的大学学习，向我们提出了以下几点经验：对于专业课知识的学习不能仅仅局限于老师的课堂，还要通过自主学习专业知识，对其有进一步的理解；加强培养动手能力，这对之后就业有很大的帮助，比如制造业需要做相关实验及设备调试的工作；在拥有扎实的基础知识的前提下提升实践能力，在学校不要仅仅满足于学校安排的短学期实践课，还要尽可能多地去参加科创比赛，锻炼创新、沟通、团队协作能力。

最后衷心祝福海大越来越好，人才辈出！

44. 赵梦晗

积极进取，勇于创新

赵梦晗

女，上海海洋大学 2013 级电气工程及其自动化专业本科生。在上海蔚来汽车有限公司的数字化团队任产品经理一职。在校期间，她成绩优异，实践经验丰富，赢得了老师和同学的一致好评。

迷茫中前进，尝试中提高

刚步入大学时，赵梦晗也和大多数新生一样充满迷茫与疑问，但最后她感受到了校园的温馨与美好，努力学习，积极进取，四年之后选择出国深造。截至目前，赵梦晗已经在职场上奋斗三年多了，她建议学弟学妹们可以尝试去找一些管培生的岗位，因为当你位于这个职位中你就会发现整个公司会运用所有资源来培养我们，让我们在一个较好的平台中开阔视野。此外，赵梦晗认为积极加入学校组织、社团等对于学弟学妹们锻炼社交能力有很大的帮助，并且这种能力在日后的工作中是必不可少的。

实现自我价值，担当应有责任

"设立有挑战的目标，为尽力去完成这个目标而做到极致"，这是赵梦晗所认为的工匠精神。有压力才有动力，当你未来步入职场后，公司肯定希望你能够为这个岗位带来价值，那么在职场进阶的过程中，我们需要不断地设立目标并锲而不舍地完成，由此才能对我们的升职加薪起到推波助澜的作用。

不断探索，不断进步

赵梦晗回忆她在抉择考研与出国时说道，"非常感谢学校在当时可以给我一次去台湾海洋大学交流与学习的机会，虽然只有短短的一周时间，但我完全被外面的世界吸引住了，所以最后我选择出国留学，去见识一下不一样的风景，同时我也建议学弟学妹们可以多多尝试，开阔视野。"此外，赵梦晗希望学弟学妹们在认真学好专业课的同时，还可以去思考自己今后的人生方向，做好规划，也可以多去实验室看看，尝试各种科创项目，探索工科的魅力，并且希望学弟学妹们在今后的工作和学习中可以设立一些有挑战的目标，不断激励自己去前进。最后她祝母校 110 周年生日快乐，愿母校越来越好。

45. 孙梦瑶

力学笃行，学以致用

孙梦瑶

女,上海海洋大学 2008 级电气工程及其自动化专业本科生,毕业后,她在米思米(中国)精密机械贸易有限公司工作。在校期间,她曾多次获上海海洋大学人民奖学金。

志趣相投,交"海大"挚友

孙梦瑶是 2008 级的本科生,也是上海海洋大学新校区的第一批学生。孙梦瑶在大学期间加入了一个环保社团,在参加社团活动中她也学到了很多专业的环保知识,也交到了很多志同道合的朋友。那个时候她们社团去浦东的一个中学给学生普及一些环保方面的知识,从中也学到很多对现在来说也是匹配度很高的环保知识,例如垃圾分类的知识。

求知善学,力学笃行

孙梦瑶在大学毕业刚刚参加工作时遇到了一些困难,但是善于学习,积极寻求资源的优点让她迅速适应了学习和工作的这段衔接时间。"刚刚工作的时候可能觉得自己学了一些专业相关的知识,但是当你真正上手的时候,会发现书本上学到的东西和实际工作当中应用的一些东西之间其实是有一个空白地带的,怎么样能够快速学习,把这段空白填补起来是比较困难的,可以通过自主学习,参加公司的一些培训,积极寻找学习的资源与机会等等。"孙梦瑶这样说道。

寄语海大学子

"个人的命运掌握在自己的手中。要想成功,就要善于利用资源。而学校充满了各种你所需的资源。大学资源将是你一生中最重要的财富!真正有心有行动去利用大学资源,总会实现自己的梦想!工作后还要葆有不断学习的热情,主动出击,争取资源与机会。"孙梦瑶这样寄语学弟学妹们。世上无难事,只要肯登攀。

46. 杜星

不忘初心，方得始终

杜 星

　　女，中共党员，上海海洋大学2013级电气工程及其自动化专业本科生，现为华为海思数字芯片验证工程师。曾获上海海洋大学"优秀毕业生""优秀团员干部""社会工作积极分子"等荣誉称号，以及元鼎学院"优秀学生"称号，获得元鼎学院奖学金，并多次获上海海洋大学人民奖学金；积极参加志愿者活动，曾获南汇新城志愿者证书。

与其临渊羡鱼，不如退而结网

　　大学期间，她在学习方面认真刻苦，在生活方面乐于助人，较早规划了毕业后读研的目标并一直为之努力，于2017年成功考取同济大学集成电路专业研究生。

既然做出了选择，便要尽心尽力

　　她在考研选择集成电路专业时，芯片市场还不似如今这般如火如荼。

她在行业的沉寂阶段入学，带着好奇心对这未知领域进行探索，跟随导师做项目，踏踏实实写论文。毕业时行业在国家的大力扶持下蒸蒸日上，但是她的研究方向并不常见，找工作时不得不改变方向，于是误打误撞开始了数字验证工作，如今做得得心应手。虽然不是每个人都有能力准确预测风口，但是每个人都需要为自己的选择负责。既然做出了选择，便要尽心尽力。

先设好目标，再为之努力

她上大学的第一天，她的高数老师就说过："如果你想让你的大学生活跟别人不一样，那么从第一天起你就要过得和别人不一样。"人不能在追求轻松愉快的同时要求自己获得非凡的成就。所以想好自己的大学目标是什么，无论是想成为社团活动佼佼者、创业蓝图开拓者还是学术高峰攀登者，都需要在前期付出大量的时间与精力。最后她希望母校的学子们都能尽心做一份不讨厌的工作，尽力成为一个快乐的人。

47. 冯俊凯

超越自我,造福行业

冯俊凯

男,上海海洋大学 2013 级电气工程及其自动化专业本科生,2017 级机械工程-物联网工程方向研究生。曾多次获得奖学金,还获全国研究生电子设计大赛三等奖,iCAN 国际创新创业大赛全国三等奖。2019 年曾在上海商汤科技有限公司实习,从事自动驾驶汽车软件开发相关工作,2020 年就职于上海燧原智能科技有限公司,从事 AI 芯片的软件开发相关工作。

乐于助人,不断学习

在海大学习期间,冯俊凯担任班级学习委员,他乐于助人的性格得到了老师和同学的赞许,他喜欢在图书馆看书,书籍范围不局限于本专业,经济学、历史学、心理学都有涉猎。他在研究生期间发现人工智能时代即将到来,于是开始自学人工智能相关知识,也将自己的研究应用于自己的科研工作中。

着重于行业,放眼于世界

采访中,冯俊凯这样说:"我个人觉得工匠精神主要是要认真仔细和持久地做一件比较有难度又有意义的事情。以我的工作为例,比如说我的工作是做 AI 芯片的性能分析一块,我们在 AI 领域经常会遇到一些卷积计算,还有一些基础的数学计算,但是这些数学计算需要的算力是非常高的,我们就会想方设法地去提高算力,让它更快速地在更短的时间内计算出更大的数据量。我们要思考的东西是很难的,甚至在全世界都没有特别好的通用的解决方案。我们团队每天都会定时地去回顾一些方法,去制订一些能让我们的芯片有更好、更顺利的提升的策略。当然我们的种种方法其实不仅仅对于我们公司内的芯片,对全世界的芯片设计行业都是有指导意义的。如果我们能够做出来,其实是非常有意义的,当然我们做不出来也没有关系,行业的小伙伴都在朝着这个目标去努力,最终总有人能够做出来,为行业做出一份努力,我觉得这就是工匠精神。"我们的目标是要放眼于整个行业、整个世界,这便是努力的意义,是工匠精神的真谛。

把握时间,把握青春

在采访的最后,冯俊凯对海大及其学子们说:"希望学弟学妹们能够在好好学习的同时也好好地享受大学的美好时光,趁着大学的自由时光多多体验一下你们想做的事情。人生不会重来,年轻的时候还不做一些非常有意义的事,以后也没有机会了,因为工作后是没有时间和精力去做那些事情的,也没有那种冲劲了。希望海大学子把握时间学习,也一定要好好把握青春。同时也希望我们海大趁着'双一流'的机遇能够越办越好,不仅仅是水产、海洋科技能够在全国得到很好的名次,也希望我们的工程专业、计算机专业都要去慢慢地提高,这样对我们学校的学生在后面的就业还有生活上都会有比较大的帮助。"

48. 张倩逸

为者常成，行者常至

张倩逸

　　女，上海海洋大学 2017 级物流工程专业本科生，曾任共青团上海海洋大学工程学院委员会（简称"工程团委"）学生负责人、传媒中心部长职务。她致力于上海海洋大学工程学院学生组织事宜，多年来从未缺席学院和学校的志愿者服务活动，同时也是校园活动的发起人和参与者，多次协助举办学院新生辩论赛、读书征文活动以及校园运动会等。目前，她就职于上海华力集成电路制造有限公司。

感悟初心

　　张倩逸任职工程团委学生负责人期间，全身心投入每一次全体例会和每一件学生工作中，体验到了前所未有的满足感与充实感。在工程团委的三年让她积累了丰富的组织经验并培养了积极的工作态度，学生工作的经历让她坚定了为社会服务的初心。随着大学生活的推进，她逐渐明晰未来的方向:求职就业,在工作岗位中发光发亮。

见之不若行之,知之不若行之

张倩逸面临校园与社会身份角色转变之际,没有拖沓犹豫,当上海华力集成电路制造有限公司到学校招聘时,她自信投出简历并现场取得 offer,成为一名准工程师。工程师这份工作需要敏锐、专注和细心,她没有停下脚步,毅然投入实习工作中。"'见之不若行之,知之不若行之',什么企业适合,何种岗位匹配,仅靠空想是不行的,只有去体验后才能知晓,所以实习是了解自我的重要一环。"张倩逸回忆实习初衷时说。

"开始时由于没有整体性规划,盲目和从众心理居多,每天都从早忙到晚,看似充实,实则真切的提升寥寥无几,进入社会后面对生活的快节奏很容易迷失自我,我们要及时调整,不要被社会的"波流"冲击到,通过不断学习和培养良好习惯等提升内在品质是抵御这种冲击最有力的方法。"张倩逸在分享实习感悟时说。

寄语未来

张倩逸总结四年的大学生活后有以下几点感悟分享给学弟学妹们:首先,不要轻信"能力最重要,成绩不重要"的荒谬言论,成绩和能力都是重要的敲门砖,能力的厚度一定是以知识的储备量为基础的,所以要注重基础知识和专业知识的学习和积累;其次,找工作并不难,难的是如何在企业或者行业中长久地有活力地做下去,要注重提升自身为人处事的本领,对新环境适应的能力和与人沟通交流的能力;最后,进入社会后也不要忘记增长才干,增加新技能或者培养新爱好,让自己始终处于"充能"状态,如此便能在疾风劲浪中站稳脚跟。

未来的路很长,不管是曾在校园,还是身处社会,她攻坚克难的决心不会改变,"为者常成,行者常至",无论什么样的理想道路,只要坚持下去,就一定会成功。

49. 吕冰洋

脚踏实地，水滴石穿

吕冰洋

男，上海海洋大学 2014 级物流工程专业本科生，2018 年毕业，同年到北京交通大学读研，2020 年参加工作，在校期间的专业均是物流工程。目前在中交水运规划设计院从事物流园区的规划设计工作。

无私奉献，提升自我

大学期间，吕冰洋在图书馆勤工俭学，经常整天泡在图书馆里看书学习，积极参加志愿者活动，他乐于助人的性格深得同学和老师的赞许。大二时，他开始担任物流工程新生班级助理，将帮助他人的精神薪火相传，不仅丰富了自己的交友面，还使得自己从一个很沉闷的宅男变成了一个开朗的"社交达人"。大三时，他决定全身心投入考研中，凭借着自己的努力顺利考入北京交通大学。在研究生毕业后，也是凭借着本硕"双一流"的优势顺利进入中交水运规划设计院工作。

兢兢业业,脚踏实地

"物流工程专业就业面还是比较广的,可以去顺丰等传统物流企业,也可以去设计院做与四大交通相融合的规划类工作。在企业中,物流工程专业的学生可以做企业采购、供应链管理等工作。"吕冰洋在介绍行业前景时这样说道。在介绍如何应对工作中所面临的挑战时,他说:"热爱自己的行业,有责任心,脚踏实地做好自己的本职工作,处理好工作与生活的关系。"

百年海大,校友寄语

"首先,制定职业生涯规划,明确清晰的就业方向,提前想好自己未来是就业、考研还是出国;其次就是坚持,尤其在考研期间,要抵制诱惑,朝着自己的目标坚定不移地前进;最后,凝聚成四句话,多读书,多学习,多运动,多实践。"吕冰洋这样寄语学弟学妹们。

恰逢海大 110 周年校庆,吕冰洋对海大告白:

承百十血脉,勤朴忠实,教育报国

育海洋英才,弦歌不辍,薪火相传

祝海大越来越好,早日成为世界一流的综合性海洋大学。

50. 余戴琴

学无止境，把握人生

余戴琴

　　女，上海海洋大学 2009 级物流工程专业本科生，毕业后，就职于上海医药物流中心，从事全国运输网络运营工作。在校期间每学期都获得上海海洋大学人民奖学金，曾获上海海洋大学"社会实践积极分子"荣誉称号，上海市社会实践大赛一等奖。

勤学善思，履职尽责

　　在大学四年里，余戴琴有条不紊地处理学业和生活的关系，一个也不落下。在校期间曾加入太极社并任太极社社长，带领社团取得"五星级社团"荣誉称号。在她看来，学习、社团生活和社会实践是相辅相成、相互促进的，既要带好团队，积累丰富的组织经验和培养积极的工作态度，又要持之以恒地努力学习，保持思考的能力。企业里，在女生凤毛麟角的运输部，她是"女汉子"般的存在，虽然是在办公室里工作，但非常熟悉一线的作业流程和操作,被领导评价为"巾帼不让须眉"。

柔肩担重任,抗疫展芳华

从 2022 年 3 月开始,上海受到疫情的影响,各行各业也都受影响,余戴琴表示:"上海封控的两个月里,大家都居家了,但是物流不可以停;防疫的要求是希望大家都能慢下来,而对物流尤其是医药物流的要求却是越快越好。"正常情况下余戴琴和她的同事们每天的工作要求是一天两配,但在封控情况下则需要做到一天三配,与此同时也需要保证药品提前送至新建成或者还处于搭建中的方舱医院,在选择物流调度方案时还需要考虑通行证申请等一系列问题。尽管他们自身的安全不能得到完全的保证,但是他们仍选择奋战在医药物流的第一线,每天坚持工作到晚上十一二点,认真细致地完成分拣工作,希望尽快将药品送达每个医院、每个小区、每个有需求的人手中。回忆起疫情防控阶段的工作,余戴琴说:"真正封控的时候已经没有办法将药品送到小区,我们便开始想办法,看是否可以送到社区和街道,经过我们业务领导的协商,最后可以解决,虽然过程是很痛苦的,但是我很开心最后的结果是好的。"在这场看不见硝烟的战"疫"中,像余戴琴这样敢于奉献、冒险而行的物流工作者,都在用自己的方式践行伟大的工匠精神,坚守在自己的工作岗位上,为我们筑牢坚不可摧的"防护墙"。

致知力行,行稳致远

"我想对学弟学妹们说,大家一定要保持学习的习惯。不仅在学校里面,还是在工作、家庭当中都要保持学习的习惯。"余戴琴这样寄语学弟学妹们。漫长的人生道路,我们一定要保持理智的思考与不断的学习,无论将来做什么行业,成为什么样的人,都一定要继续学习下去。

51. 张佳钰

脚踏实地，仰望星空

张佳钰

女，上海海洋大学 2014 级工业工程专业本科生，毕业后，在半导体行业工作。在校期间，她任班级团支书，平日里积极组织开展活动，效果显著，班级多名同学成为入党积极分子，在入党的道路上坚定前行。

一点一滴，脚踏实地

大学期间，张佳钰任班级团支书，她乐于助人的性格深得同学和老师的赞许，她热情活泼，积极与同学老师沟通，致力于打造最丰富的活动，让更多的同学参与到团支部建设中去，学生工作的投入让她在大学生活中学习了诸多技能，同时也让她收获老师与同学的好评。"认真""细致""热情"是身边人对她最多的评价。在就读期间，她对待课业积极认真，在自己薄弱的科目上主动询问老师和同学，稳步前行，将学生的本职工作——学习做好，因此她也有了更多的时间去钻研自己热爱的、感兴趣的事情。

步入社会后,她认真对待工作,态度认真积极,注重创新思维的培养,在自己的工作中付出努力,一步步证明自己的价值,利用工作之余学习技能,不断提升自我,加强自身核心竞争力。

稳步前行

谈到本专业学生应该具备哪些能力时,她给出了三个要素:心理健康、沟通交流能力、创新思维。首先要有强大的内心,具备良好的抗压能力,让自己在接踵而至的学习、工作中不迷失自我,同时也要学会调节情绪,遇到困难和压力时,直接面对不逃避,处理完之后奖励自己,可以是一顿饭、一次旅行、一场电影,总之一定要有健康的心态;除此之外,要多与人沟通交流,无论是继续深造还是步入社会工作都需要与人沟通,如何沟通得好、交流得妙,是需要在平日里下功夫的,她认为沟通能力是一个人必须要掌握的;创新思维的重要性也是她一直强调的,需要不断学习,并运用创新思维在原有的基础上进行延伸,只有提高自己的核心竞争力才能不被替代,因此需要将创新思维运用在学习、工作和生活的方方面面。

寄语后来人

"希望学弟学妹们首先要好好学习,四年的时间不长也不短,正值青春的我们,如果有什么特别想做的事情,就放手去做吧,不要留任何遗憾!"

正值青春,努力绽放!

52. 宋旸

汲取经验,勇敢追梦

宋 旸

　　男,上海海洋大学 2003 级工业工程专业本科生,毕业后,他在永发印务有限公司工作,担任该公司智能制造总监,负责集团智能制造总体规划,各子公司智能制造相关总体及局部改造,包括智能制造规划、推进、建设、实施与培训。

热爱工作,践行工匠精神

　　宋旸阐释了他理解中的工匠精神,"我觉得在学习与工作中工匠精神主要可以分为以下三个方面,第一点是热爱你所做的工作,发现自己所擅长的地方,并不断夯实、不断深挖,做到独树一帜。第二点是我们要抛开被动,去寻找我们自己热爱的工作和职业发展的路径,不断地去追求。发现每一个问题后就要去剖析它的原因和寻找解决办法,并不断地进行方案的设计变更。第三点是不管这份工作是否喜欢,都应做好自己现阶段的工作。"

兢兢业业,经验分享

宋旸说,作为一位毕业 15 年的学长,现在回忆起母校生活真的是感慨万分,甚是怀念,大学所闻所感所学也是工作路上的力量源泉。毕业后的工作历程有失败也有成功,但是宋旸最终一一克服,做到将手里的事做好,继续热爱工作,热爱生活。对于大学生如何更好地为将来打基础,宋旸给出了一些建议:"我觉得工作能力大部分是在工作当中养成的,比如说像我的话,我的工作经验,大部分还是在工作以后的三到五年时间里面才逐渐形成的,其实前期也是比较懵懂的。现在因为社会资源很好,学生更应该在本科期间将专业知识学习好,为将来打好基础。学校可以跟企业探讨共赢的合作方式,比如企业以竞标这种形式把他们的一些实际项目放在校内作为比赛项目,这样既培养同学的实操能力,同时在项目进行过程当中让大家对书本知识和网络可以搜索到的知识进行查漏补缺。"

"我们有的时候回到学校也会跟以前的老师进行交流,很希望自己的母校能够发展得越来越好。那么对于母校和学院这块的发展的话,我认为我们学校的对外交流还是有一些局限性的,因为地理位置比较偏离市中心,这样在一定程度上容易形成一个封闭的环境,咱们同学在校园实际学习到的知识跟我们在工作当中接触到的东西有些出入。我觉得学校和学院应该更多开展与市区优秀的企业或者校友们的交流,引导学生多和毕业的校友互动、多到企业看看,以便于在毕业以后更快地融入企业,并且更了解市场的发展。这样或许能够让咱们学校学生的能力进一步地提升,也让外面的企业更青睐于海大毕业的同学。"

回首海大,寄语学子

希望母校毕业的学生都前程似锦,好好利用大学四年甚至是读研的时间,学习知识以充实自己,在学校多提高自己的实践能力,做到脚踏实地,把手里的事做好。

最后祝愿母校 110 周岁快乐,发展越来越好,也希望学弟学妹们越来越优秀,将来为社会贡献力量,为祖国建设添砖加瓦!

53. 盛晚霞

饮水思源，感恩母校

盛晚霞

  女，上海海洋大学 2010 级工业工程专业本科生，后成功推免至上海海洋大学机械工程专业读研。毕业后，她在上海汽车集团股份有限公司乘用车分公司工作，担任工业工程师。目前的工作主要是生产线标准工时制定及优化，还有新项目生产线人员复核评估及生产系统仿真分析等。

学好专业知识，在岗位发光发热

  "对于学弟学妹的寄语，就以我现在的经验来说的话，我觉得第一个是学好专业课知识。因为我找的是专业比较对口的工作，所以我觉得专业课知识还是比较重要的。毕业之后我的专业课书本到现在还是留着的，一直在我的工位上。这么多年来，我工作时还是经常会拿出来翻一翻，有时候针对工作中遇到的问题我也会去书中看一看、查一查。虽然课本上的内容跟工作上还是有一点区别的，但理论基础是不会变的。所以我觉得这方面还是很重要的。第二个我觉得是应用 Office 的能力，结合我现在的工作经验，我觉得用得最多的就是 PPT 和 Excel。不管你做什么工作，大多数汇报是以 PPT 的形式呈现给你的同事或者领导的，我觉得一份完美的 PPT，不仅内容上要充实，还要在逻辑和排版上有讲究。它不仅可以让你在一众同事中脱颖而出，也会让领导看到你的优势、你的特点。"盛晚霞从自身的工作经验出发，将多年的工作秘籍分享出来，殷切希望母校的学生会有更好的发展。

盛晚霞还阐释了自己理解的工匠精神："要脚踏实地地去做好手里的每一件事情，同时在这个时代勤勤恳恳、不浮躁地工作。"

感谢恩师，感恩母校

盛晚霞多次提到非常感谢她的导师张丽珍老师，"真的很感谢我的研究生导师张丽珍老师，如果没有选择她的话，我觉得也不会有我现在的生活与工作。在我看来，不管是在我的学习阶段还是在我的学术研究阶段，抑或是在我人生道路的选择上，张老师都给了我很多宝贵的建议，如果没有她的这些建议，也不会有我现在的一些发展。在我的很多同学眼里，我们张老师是一位很严格的老师，不管是在学术还是在做事方面。但当我走上社会了，我才发现，其实是张老师的严格要求，才让我养成了一个很好的做事习惯。所以也想借此机会表达对恩师的感谢"。

盛晚霞还回忆起初进学校的时候："我第一次进入海大时，真的很惊讶，海大很美，满足了我对大学的向往，无论是人还是物都令人心驰神往。环境优美，夕阳也令人陶醉。"

回首海大，深情寄语

盛晚霞说道："我希望母校能多举办一些校友活动，校友可以多回去参观参观。尽管毕业了，我还是会关注学校的推文和消息，例如在 2022 年上海疫情严重的时候，看到学校发的一些海大职工抗疫推文，以及看到积极勇当志愿者的一些学弟学妹们，我都是很感动的。对于大家来说，海大真的是我们坚强的后盾。"

　　饮水思源，感谢母校的栽培！在母校 110 周年华诞之际，祝愿母校再接再厉，更展宏图，再谱华章！

54. 李月华

精工至善不忘初心, 匠心铸就中国制造

李月华

女, 中共党员, 上海海洋大学 2007 级工业工程专业本科生。曾获上海海洋大学"优秀学生""优秀团员干部""社会工作积极分子"荣誉称号, 多次获上海海洋大学人民奖学金, 在校期间积极参与各类活动, 并担任多个校内职务。曾成功申报一个上海市科技创新项目。目前在上海赛飞航空线缆制造有限公司担任制造工程师, 现在的主要工作是为 C919 大飞机提供电气线路的制造和生产。

严把标准, 精益求精, 助力国产大飞机事业

李月华在工作中参与 C919 大飞机项目, 主要的工作内容是电机线路数据管理, 一架飞机上有七百多条线路, 每条线路上都要有对其独立数据的严格管理, 同时在有效性和可靠性上有着非常严格的要求。李月华在日常工作当中需要使用电子化平台输入和维护关系到 C919 大飞机安全问题的线路数据和参数, 李月华和她的团队始终保持耐心细致、执着专注的态度, 只

有保证生产出合格的线缆,才能进一步保证在线缆组装后得到合格的产品,进而确保飞机上的每个部件都精准到位。

除了日常的工作以外,李月华也从事着企业中一些高附加值的工作,比如利用自己的专业知识来优化工人的操作方法,在保证飞机装配质量的前提下,减少人力成本和资源浪费,同时提高生产力,不断发现问题并解决问题。

遇难心不移,遇易心更细

在李月华刚踏入 C919 大飞机制造领域时,很多流程、体系以及数字化平台并不完善,一架飞机在调试的过程中需要进行多次的更改,加之需要在短时间内完成,在此情形下,李月华和她的团队成员们齐心协力、共同合作,以超高标准要求自己,最终顺利完成数据的处理和输入等一系列工作量较大的任务。在从事这项工作的八年里,李月华和她的团队不断查漏补缺,不断完善电子平台,通过学习和钻研一步步建立了整个系统和数据处理流程。他们始终以持之以恒、精益求精的态度对待每一个制造工艺问题,例如在设计连接器跟线路之间的一个防水、热缩的磨梭套时,李月华和她的团队就如何把这个套管通过加热的形式缩到均匀并保证其密封性进行了一天的实验。他们在工作的过程中就是这样经常通过反复多次的实验来找出最合适的操作方法。

李月华表示"这些参数数据都是每根线束的基础,飞机行业是容不得任何一点疏忽或者闪失的",在飞机制造工艺领域,自动化和智能化的技术范围日益扩大,但是她始终秉持执着专注、精益求精、一丝不苟、追求卓越的工匠精神,精确地把控工作中的每个细节,做好对各项数据和参数的维护,在电机线路方面为 C919 国产客机的生产提供坚实的质量保障。同时李月华也表示"目前看来飞机的制造发展会带动一系列其他工业的协同发展,因为它的体系是非常庞大的,近年来我国的制造工业不断发展,并且继续转型往高端制造业发展,我们还需要不断学习,不断探索新的方法",李月华始终以脚踏实地、精益求精的务实态度去面对工作中的每个细节问题,同时敢于创新、追求卓越,继续为制造安全、舒适、经济、环保的国产大型客机奉献力量。

寄语校友，祝福母校

李月华在采访中提到自己作为海洋人非常自豪，在对学弟学妹们寄语时说道："希望每一位海洋人都能够挺起胸膛踏上工作之旅，在从毕业的那一刻开始，我们都一样是国家发展的中坚力量，在社会的各个岗位为我们国家的繁荣和自己的幸福安康而奋斗。在工作之余，我们也不要忘记自己的学校，不要忘记自己在海大奋斗过、努力过、青春过的那些日子，更不要忘记一直支持我们的老师，希望大家都能够在不久的将来找到适合自己的工作岗位，祝福海大薪火相传、美德不灭。"

正值海大110周年校庆，李月华衷心祝福道："希望学校能够开设更多更好的专业，培养出更多优秀的学生，希望学校越来越好。"

55. 李小康

勤朴忠实，脚踏实地

李小康

　　男，上海海洋大学 2016 级工业工程专业本科生，毕业后，就职于用友网络科技股份有限公司上海分公司，担任财务系统实施顾问及项目经理职务。在校期间，曾多次获上海海洋大学人民奖学金，大学四年来积极参与各类科创赛事。

牢记"勤朴忠实"，不断攻坚克难

　　李小康在校期间努力研习专业课程，积极参与班集体活动，在大学四年时光里，坚持锻炼身体，不断涉猎课外知识，赴工作岗位后，时刻牢记海大校训"勤朴忠实"，在日常工作中，勤奋学习业务知识，不断精进业务能力，踏实处理好日常工作中的每一件小事，忠于项目团队，不断与项目团队一起攻坚克难，顺利完成一个个项目的交付。

世上无难事，只要肯攀登

在李小康的描述中，我们得知，他在做第一份工作的时候，由于对客户的业务理解不是很透彻而陷入了迷茫。但是身边的同事已经有了较丰富的经验，李小康就开始向他们请教学习。同事们也是非常耐心地教他，于是他就这样一步一步成长起来。能够坚持不懈地去学习新的知识是李小康身上的闪光点之一。"要记住工作上的很多问题，可能只有你不会，别人都会，那你就要向别人请教或者买些书去看。"这是李小康告诉我们的。世上无难事，只要肯登攀，在工作中认真努力、勤奋好学是永远不会过时的真理。

感受校园历程，充实学习生活

"我对母校一直怀着感恩之心，如果没有我的母校就肯定没有我的今天，虽然我的今天可能看起来也不耀眼、也不辉煌，但是我相信母校的校训以及母校给我的培养肯定会让我的人生在以后变得更好。""我建议你们在学校的时候把一部分时间放在课堂上，把一部分时间放在运动场上，一定要坚持锻炼身体，这个很重要。然后再挤出一部分时间放在图书馆，去看看我们海大的藏书，去阅读一些经典的小说或者一些和你专业相关的书籍，再选择自己感兴趣的领域好好地研读。"李小康对学弟学妹们这样说。大学是一趟美好的旅程，大学里学到的很多东西在以后会慢慢地滋养你，起着很大的作用。

56. 王 慧

不忘初心，方得始终

王 慧

男，2013 年从上海海洋大学工程学院工业工程专业毕业，毕业之后一直在一家做汽车保险杠的公司工作，从事生产物流和持续改进工作。在大学期间，他认真学习专业知识，提升专业素养。同时，他也乐于服务同学，积极协助老师，不断提升自己的工作水平和沟通能力。

不忘初心，方得始终

他从小学起就励志考上海海洋大学，那时候，上海海洋大学还叫上海水产大学。王慧说："小时候我特别喜欢养鱼。最多的时候，家里有 20 几个鱼缸，养的都是热带鱼"，正是这种热爱，王慧从小就种下了考上海海洋大学水产养殖专业的种子，进入海大后，他被调剂到工业工程专业。在王慧心里，工业工程这个专业也非常好，既兼具理科的特点，又有文科的特征，是一个交叉性很强的学科。即使毕业多年，他仍然清晰地记得李俊老师教的系统建模与仿真课程,它对今后的工作有非常大的帮助。但他心里一直有着一个水产养殖梦,所以他经常去水产学院看鱼,看他们怎么给小丑鱼搭配食物。王慧说:"上海海洋大学,是人生的向往,能就读上海海洋大学,我感到非常自豪!"

奋勇追梦,志在千里

毕业 9 年后,他再次攻读上海交通大学硕士学位,2022 年成功考取上海交通大学的工程管理硕士,在职期间考研,王慧不仅面临着学习知识的困难,还面临着如何很好地进行时间规划,平衡好工作和读研之间的关系,他常常在家庭、读研、工作这三者之间来回奔波。用他的话来讲:"题目有什么难的,工作之后时间才最难以把握,因为时间是不够的。"在生活的重压下,王慧依然坚持自己的理想,一心奔向心中的目标。王慧的奋勇追梦是一种工匠精神的体现,也是他走到今天的底气与动力。

回顾来时路,寄语后来人

认真学习计算机相关知识:计算机相关的课程真的非常重要!王慧讲道:"很多专业和计算机相关,就算我从事的持续改进工作和计算机没有直接关系,但是数字化转型企业以及商业智能领域都会用到计算机相关知识。目前没有任何一个工作领域和专业用不到计算机相关知识"。

积极参加科创比赛:可能毕业后不做科创项目相关工作,但是参加科创比赛,能大幅度提升我们解决问题的能力,对自己的外语能力也有很大提升,因为需要查阅国外很多相关文献。一定要抓住机会,不断锻炼自我,不断增强自信心。

英语学习:英语作为世界的通用语言,有它存在的合理性,而且这种趋势是难以扭转的,所以一定要加强英语能力的培养。

57. 邵 祺

西部支援，一路生花

邵 祺

男，2010 年进入上海海洋大学，本科毕业后去西部支援一年，并成功推免至上海海洋大学继续读研，上海海洋大学2018 级工业工程专业研究生，毕业后，他在南京高力创电子科技发展有限公司工作，担任硬件开发工程师。他曾多次获上海海洋大学人民奖学金；大学和研究生期间积极参与各类科创赛事，曾获第三届纤科杯工业工程优化大赛研究生组第一名。

回访来时路，坚定明日行

"对学校最深的印象就是夕阳很美，海风很大，教学楼的环境优美，设施齐全，食堂的饭菜可口，种类齐全。无论你是来自南方，还是北方，一定可以找到一道适合自己口味的美味。这里的老师和蔼可亲，且认真负责。他们会像朋友一样和你一起聊天，满足你对未来的种种好奇。"海大的一切都让邵祺感到很亲切，也正是这些美好的事物一直影响着他以后的一些决定。

本科毕业之后,邵祺去云南大理做志愿者,在大理市团委做了一年的挂职干部。还去西部支援了一年的时间,基本上每个月里面会有一两天时间要去上山下乡,包括去一些偏远山区的希望小学,去看望当地的一些留守儿童,给他们送一些牛奶、文具、书包之类的东西。有过此段经历后,邵祺就特别珍惜现在的生活。

行业显真知,感悟工匠心

我们不光要多学习书本上的知识,做应试型的理论型选手,还要多实践多动手,"纸上得来终觉浅,绝知此事要躬行"。要摆脱学习的枷锁,很多学生在大学的前几年里还没有完全从高中的应试模式中切换过来,会把上课做实验、搭建模型等当成一种负担。其实我们所学的专业和课程都是未来我们从事的某个行业可能用到的知识,在面试或者工作中都会有很大的概率会用得到。

工业工程是一门非常有远瞻性的学科。因为其培养的是社会中最缺的综合型人才。"以前有很多人告诉我,哪样都懂一点,但是哪样都懂得不深,等于白搭。对于这句话,我以前是认同的,但是我现在并不认同,我们确实要做某个方向的专才,但是真正在工作中或者创业中解决问题的时候,就需要用到大量的知识。工业工程相当于架起了管理与技术的桥梁,因为在制造业中,纯粹的管理人可能缺乏技术知识储备,而工业工程正好克服了这样的问题。用科学的方法去管理人,让人可以在岗位上最大化地发挥自己的效率。"邵祺认为自己在工作中和学习中遇到的最大困难是过多依赖别人,但是后面跟着亲戚一起创业,很多问题就都需要自己去探究、去摸索。如果我们形成了这种过度依赖别人的习惯,就会逐渐失去自我分析和解决问题的能力。

回首海大,寄语分享

邵祺想对即将步入社会的学弟学妹们说:"社会并不是我们想象的那么可怕,它也有美好的一面。只要我们摆正自己的心态,明确自己的目标,并且持之以恒地努力工作，就会做得很好。成功没有捷径，只有靠不断地努力。"

邵祺给海大的祝福就是，"母校带给我的不仅是物质上的资源，更是精神上的哺育。通过七年的时间，在道德培育方面，我树立了克勤无怠、明德修身的道德观；在学习工作方面，建立了兢兢业业、勤奋刻苦的事业观。毕业之后我无论在生活还是事业上都铭记着母校"勤朴忠实"的校训。我还要感谢恩师张丽珍老师，如果没有她在困境中对我不懈地教育和帮助，我恐怕很难完成自己人格的塑造，也很难实现灵魂的培育。在毕业后的这些年里我经常怀念着海大的校园，怀念着恩师。希望不久的将来可以带着自己的老婆和孩子一起去母校探望恩师。"

58. 姜磊

蜿蜒曲折,破茧成蝶

姜磊

　　男,上海海洋大学 2003 级工业工程
专业本科生,也是第一届工业工程专业
本科生,毕业至今已工作 15 年,在自己
的工作岗位中认真负责,积极拓展,用汗
水书写自己的青春华章。目前在上海凯
博机械部件公司工作,担任持续改进经
理,负责改进、运营等业务。姜磊在工作
岗位中广受好评,同事们对他认真、负责
的工作态度也敬佩有加。一步一个脚印,
稳扎稳打的习惯让他获得了今天的成绩。

坚定信念,不断前行

　　大学期间,姜磊对待课业认真积极,他认真学习所有课程,积极提问,遇
到不懂的知识会主动与老师、同学沟通。在所有的课程中,他对金老师的工
业工程认知实习课程记忆犹新,因为这门课程除了课程本身的知识会在企
业里面实际应用到之外,还教会了他们在企业里怎么定位自己,怎么做短期
规划甚至长期规划。在那之后,姜磊对待本专业更加富有冲劲,也正是那个

时候,姜磊意识到一定要将学到的知识运用在实际中,并开始为自己的未来做规划,稳步前行。在本科期间,他并不是只停留于学习课本知识,还会将学到的知识应用于实践中,提升自己的实践能力,为之后步入社会做铺垫。

迎难而上,终见曙光

在刚刚毕业时,面向工业工程应届本科生的机会并不多,约95%的企业是不开设工业工程专业岗位的,同时同学们对此专业的工作职能的认识并不清晰,只能去社会中不断寻找工作机会,一是要突出自己的能力,二是需要极强的主动性,在这样的困境下,姜磊没有退缩,他不断投递简历,向当时的公司介绍工业工程专业的基本素养以及价值,同时不忘提升技能,提高自己的核心竞争力,持之以恒的努力让他终于在社会上站稳脚跟。现在,工业工程专业已经成为各项制造业的基础,并发展成所有人都认可,且公司都会设有岗位的专业。姜磊也在他的岗位上脚踏实地,稳步前行,他认真、积极、进取的工作态度让他广受好评。谈到工作中的经验,他说一定要认真,要有创新精神。认真会让你在所有事情中养成良好的习惯,也是你脱颖而出的必备品质;创新精神是开拓进取过程中必不可少的因素,也是我们提升核心竞争力的有力途径。

寄语后来人

"祝海大越来越好,成为更多同学向往和获取本领的地方。"

大学四年的时光在人生中是非常珍贵的,我们要去尝试、去努力、去拼搏,让这段青春不留遗憾,同时为了自己以后的生活奋勇前行,用自己的汗水书写青春华章!

59. 胡景涛

抬头仰望星空，低头脚踏实地

胡景涛

　　男，中共党员，上海海洋大学 2013 级工业工程专业本科生。曾在大一担任工程学院学生会外联部干事，在校期间获得上海海洋大学人民奖学金 3 次；另外，辅修了同济大学公共关系学。现就职于富士电机（中国）有限公司，从事采购的工作。

足履实地，行稳致远，进而有为

　　胡景涛在海大毕业后始终怀抱着远大的理想，保持着谦虚好学的态度，走好人生道路的每一步，他坚信只有脚踏实地才能行稳致远，才能实现自己的价值。胡景涛在进入富士电机（中国）有限公司后先从事基础财务工作，如订单的制作和下达以及货款、货品的跟踪，在工作中不断熟悉业务流程、整个公司以及同事。后被公司安排到无锡的工厂里参与新产品试生产工作，他依旧保持边学习边实践的理念，进而快速掌握了怎么在一个新的环境里面寻找到能够帮助他本身以及能够帮助他去协调资源的方法。一年半后，胡景涛拥有前往日本研修的机会，对他而言这不仅是工作上的挑战，也是环境适应能力的磨炼，不懈的努力和坚持让他从语言的零基础到从容地完成各项工作。归国后正值 2020 年国内疫情的平复时期，他利用了解国外生产环境以及具备国外工作经验的优势，开始协助国内工厂和日本工厂进行一些包括降低成本和缩短交货期的产品开发工作。

于他而言，他始终将这些视作自己职业生涯中非常宝贵的经历，其中遇到的难题更是教会了他许多，要敢于思考，敢于尝试，胡景涛说道："有志者事竟成，坚持自己的目标并且有自己的规划后再去执行是很好的。"

日日行不怕千万里，时时做不惧千万事

胡景涛认为在他的就业之路中最难的是从零开始接触一件事情，但是他在企业中始终保持虚心学习、认真严谨的工作态度，借助企业完善的前人指导经验不断摸索，进而逐渐适应工作并投入当中。逐步适应工作后，胡景涛始终认为在实际工作过程中最重要的还是对专业知识的把握。他在日常的工作当中也会面临走弯路、绕圈子的困境，包括对产品的认识不够深刻，如何通过采购进行协助判定和对供应商的管理等，但是他坚持发挥自身的主动性、能动性和创造性，踏踏实实地走好自己工作中的每一步。

在胡景涛看来，大学期间很多课程都会作为我们未来工作的基础，比方说材料力学，讲述的都是专业的基础知识，只有在具备这些知识后才会对产品有更加深入的了解，所以他在基础知识的学习上从没有松懈。另外，胡景涛表示在他的工作中所有的工作进展都是要以一个结果的形式呈现出来，那么对于这些资料的整合，需要形成一套自己的整理方法。在工作实践和理论知识的不断累积过程中，他也一直致力于探索如何高效、快速地把重点确切地表现出来，在熟练地完成工作的基础之上，可以自主根据环境的变化，创造性地使用自己的工作方法把工作做得更好。在执着专注、追求卓越的道路上他从未停下自己的脚步。

寄语校友未来，祝福母校华诞

首先是对学弟学妹们，胡景涛希望大家可以把握时间，珍惜现在，他说道："我觉得应该好好享受大学的四年时光。希望学弟学妹们可以抓紧这个机会，去干一些可能以后不一定有时间或者有精力再去干的事情。"

在对母校寄语时，胡景涛表示，我们海大的历史是很厚重的，祝海大110周年生日快乐。他也说道："我们非常想念海大，想念工程学院，想念海大的老师们，海大的教职工们这几年来辛苦了，也希望疫情早点过去，咱们能够恢复正常的教学秩序，这样对老师和同学都会好一些，希望咱们海大能越来越好！"

60. 程湘裕

不忘初心，业精于勤

程湘裕

男，上海海洋大学 2016 级工业工程专业本科生，研究生期间创业一年，毕业后，他在中国工商银行数据中心工作，负责数据中心机房环境搭建和管理、基础设施运维、动力系统保障、运维自动化的研究。研究生专业是机械工程。

回首海大，不忘初心

回忆起刚来海大的时候，程湘裕说："我们刚来的时候工程学院研究生其实还蛮少的。印象最深刻的老师应该是我们的导师王老师，他对我们的鼓励和支持比较多。因为他的孩子跟我们同岁，所以他看着我们就像看着他的孩子一样，他会让我们多去尝试。我读研期间兼职辅导员，比较忙，去实验室的时间比较少。当时我带的是工程学院机械工程专业的两个班。我记得当时我还负责党站工作，然后又是我们班级的党支部书记。感谢导师给了我一个相对宽松的环境，可以让我在搞定研究生学业的基础上，去做很多自己喜欢做的事。所以毕业的时候我的工作选择范围就很广。"

比较难忘的事是研二时的一次出海经历，"当时是国家海洋局的一个项目，学校要联合组织一次出海，任务比较艰苦，要去关岛附近沿海，并且要办护照，然后在海上要呆一个多月，全程没有网络，只能靠卫星电话联系。还要签保密协议，学院没有人去，我就报名了，当时是想着去体验一把"。

自主学习，抓住当下

同学们要抓住当下，努力学习才是大学要做的最重要的一件事。"我做辅导员的时候发现有些学生在寝室四个人组团打游戏，打得老嗨了。研究生班级的凝聚力，我感觉比本科的时候要弱。一般班级30%的学生知道自己想干什么，还有30%的话，他可能不太喜欢本专业，但有自己的一个想法，剩下的40%属于中间派。中间派的话，只要稍微带动一下，还是会有一个更好的发展，如果没人去带动，他可能就真的放任自流了。这是我的一个小小的想法。"

关于职业发展方面，从个人的经历来说，专业成绩先要达到及格标准，剩下的就看你自己的兴趣爱好，其实有相当一部分学生，毕业后都不做本行业了。"我记得当时有个学物流的小姑娘后来去做了展会相关的工作，我问她怎么做这个，她说她之前大学的时候做实习，参加过这种展览，并且发现挺感兴趣的。然后她就经常研究这个东西，毕业后就直接做这块儿，现在毕业三年了好像发展得还不错。"

对于工匠精神，我认为首先得选择自己喜欢的行业，然后去深耕，每天认认真真地工作，在平凡的岗位上，能够把工作做好，那么就能成为一个合格的工匠。

校友寄语，经历感悟

"我希望海大蒸蒸日上，能够好好地、稳扎稳打地去发展。祝愿海大能够越来越好！"

61. 周超群

勤朴忠实,不负韶华

周超群

　　男,上海海洋大学 2011 级机械工程专业研究生,毕业后,他一直在上海新松机器人有限公司工作。大学期间,他是校龙舟队成员,多次为校争光;他热爱志愿服务,参加了 2010 年学校组织的西部计划。

一时海大人,一生海大情

　　周超群是海大 2006 级本科生,同时也是我们海大 2011 级机械工程专业研究生,与我们海大的感情非常深厚。周超群见证了海大从南汇搬到了临港,同时也见证了海大的发展。

　　大学期间,周超群参加了龙舟队的面试,成为龙舟队的一员。他回忆道:"我们在付出、运动和挑战自己极限的过程中积攒了深厚的友谊,参加龙舟队是人生中一段非常好的经历。"艰苦的训练没有让他知难而退,而是与同伴一起划龙舟,一起享受汗水带来的快乐。整齐划一的动作能使龙舟划得更快,这让周超群很早就领悟到团结的重要性以及坚持的意义。龙舟也成为周超群大学生活里重要的回忆,现在他也在关注我们海大龙舟队的比赛。

周超群回忆起印象深刻的课程是刘雨青老师的电工实验这门课,周超群对它产生了浓厚的兴趣。虽然刚入学时,周超群的成绩不是很理想,但他不断反思、不断进步,在之后的每个学期都获得奖学金,这离不开他对学科的探索精神,也离不开周超群的努力。扎实的学科基础,加上探索精神,得以让他在大三参加创新活动时游刃有余。"我记得当时是许哲老师带我们小组一起研究键槽的平行度检测,这相当于一个小项目,从设计到实践到最后的完成,帮助我们积累了一定的实践经验。"

迎难而上,攻难则北

周超群回忆道刚入企业时的经历:"一开始公司会让我们对设备进行制图,这相当于锻炼我们基本的三维软件和二维软件的操作能力。然后再回到采购部、工艺部,还有车间和装配部,基本上在每个部门每个岗位呆一个多星期,熟悉各个岗位的人和了解各个岗位要做的事。"周超群刚入企业时是机械工程师,他回忆道:"作为一名机械工程师,首先得掌握基本标准件的一些信息,其次锻炼二维和三维基础软件的一个操作能力,然后了解企业各环节的运营过程,接着需要去制造车间看加工过程,看车床、铣床、线切割设备,这就会用到我们学习的数控加工技术,最后就是将做好的东西送到车间给钳工装配,其中需要思考一些细节,譬如箱子螺钉多长,怎么装最合适等问题。组装前就用到了3D仿真,会做一些轨迹模拟,模拟各个设备之间是如何运作的。"

"在企业与在学校的一个不同就是时间观念要强。时间截止点催促着你在规定时间里完成任务。每一个环节都需要准时完成,不然就要加班加点赶出来,否则会影响后面的交付等等。再者就是要熟悉专业知识。在学校,没学好可以再补。但是在企业,可能会因为你的知识储备少,最开始的设计不行,导致之后的加工不成,安装有问题,最后就需要返工重新开始。

所以必须要在规定时间里完成任务,这就要求精益求精,不允许有过多的错误。"这样的工作模式让周超群始终发挥着工匠精神,对自己严格要求,做到精益求精,不出差错。

除此之外,周超群还遇到过其他挑战。"大部分设备我是了解的,但还是有少部分东西是未知的,需要我自己分析之后再去做。况且理论与现实有一定的偏差,会有我们未考虑的因素,然后怎么去解决就将是我们遇到的挑战。像我们之前遇到零件装配的合格率提不上去的问题,压力就很大,客户也在等着我们解决这个问题。后来通过找差距,分析公差,控制产品的尺寸,分析它的定位基准,才慢慢解决。"总之,工作中一定要有强大的抗压能力以及细心的态度。

留恋海大,寄语学子

"我们在大学应该培养自己的学习能力和不言弃的精神。在学习的过程中要积累自己的基础知识,比如机械制图、软件操作、机械原理、应力分析等。这些基础打牢了,未来工作上才会比较得心应手。而且,在工作上是讲究效率的,可以学,但没有很多时间让你学。所以在大学的时候要打牢基础。希望学弟学妹们选一行爱一行,如果对这一行很感兴趣,喜欢做一些发明创造,喜欢动手实践,那就好好干好好学。刚开始的三到五年会很辛苦,工作强度比较大,能坚持下来就很不错了。如果实在不喜欢这一行,积累经验转行也是可以的。不过无论选择什么都要好好珍惜。"

62. 汪 伟

严谨认真、精益求精

汪 伟

男,中共党员,上海海洋大学 2019
级机械工程专业研究生,在校期间担任
学习委员。2021 年 7 月入职中国商飞上
海飞机制造有限公司(简称"上飞"),现
主要从事 C919 飞机结构装配和工艺策
划相关技术工作。他工作中踏实肯干,
爱岗敬业,认真负责,勇于承担任务与责
任,有良好的团队合作精神,能立足岗
位,做出较好的成绩。

海大共成长,展翅向高天

对汪伟来说,研究生的三年充满着色彩。第一次进入校园,汪伟便被学
校的景色深深吸引,这般江南画境,给他留下深深印象。在学校生活中,他
在老师的引导下,和师兄师弟们一起研究课题,互相帮助,共同成长。这种
同门情谊,带给了他深深的快乐,在与师兄弟一起不断探究前行中,他也在
不断成长。

离开校园后,汪伟听从导师的建议,来到了上飞工作,虽然入职时间不

长,但这一年来他也收获颇丰。刚进入上飞时,汪伟的第一感觉是很有海大以前的感觉,它在2022年刚落户于上海临港的新公司基地。入职后,汪伟主要从事与C919大飞机部件有关的工作,他说,在2022年5月14日,看到飞机成功飞上蓝天通过验收的时候,他激动无比。

沉心磨砺处,梅花暗香来

工匠精神,对汪伟而言并不陌生,刚进入公司时,公司组织了培训课程,汪伟第一次线下接触到了电视里的大国工匠们。在这次课程中,汪伟深深了解了什么是工匠精神,并为这些大国工匠所折服。他说,在科研路上,最令人敬佩的,就是专注专心,能沉下心来钻研一件事情,这就是工匠精神对于科研的最好启示。

在工作中,汪伟认为,通过自己的努力,从开始慢慢地接触,到慢慢地熟悉业务流程,再到在自己能力范围之内,不断地获得提升,这是对自己的一种锻炼,也是对更好完成工作的一种培养。故此,他说:"在你能力提高的基础之上,然后能提出一些优化的工作方案,不断深入探索,做到更尽善尽美,这就是工匠精神在工作中的体现。"

真诚心愿,牢记初心

汪伟学长真诚地希望学校的各方面都能够越来越好,并能够多举办一些活动,让校友回去聚一聚,看一看学校。汪伟还希望学弟学妹们能够将校训"勤朴忠实"牢记于心,以之为行事准则,这样在以后的日子里能够更好地践行工匠精神。

63. 汪 振

致广大而尽精微

汪 振

男,上海海洋大学2012级机械工程专业研究生,微创优通医疗科技(上海)有限公司副总经理,高值耗材部兼临床医学部资深总监,拥有多年有源及无源的医疗器械开发经验,上游产品管理经验,NPI新产品导入经验,医疗行业全生命周期流程项目管理经验,涉及心血管、结构性心脏病、妇科、泌尿、消化等科室领域,深耕底层核心技术,突破机器人的机械、电气、软硬件、算法等技术模  块,同时掌控植入物、球囊、药物等多维度核心技术,主持上海市科委科技支撑项目5项,累计以第一人称拥有的发明专利50份,美国专利5份,主导多达15款医疗器械产品获批,获得国家创新绿色通道审批产品多个。

积累学识于海大,奋勇拼搏于科研

令汪振印象较深的课是概率统计学方面的,因为他对于数理数学相关科目更为擅长。毕业后,汪振来到了微创优通医疗科技(上海)有限公司,投身于繁忙的工作之中。汪振说,在刚进入公司时,压力比较大,十分忙碌,不过也因此学到了很多东西。工作之初,汪振主要进行科研方面的工作,前几年的科研工作经历也为日后的发展打下了坚实的基础。汪振坚持在技术岗位做好科研的工作,在管理岗位做好管理的工作,脚踏实地,最终取得了今天的成就。

心存高远不畏艰辛,脚踏实地刻苦钻研

微创优通医疗科技(上海)有限公司是一家研发医疗器械的公司,据了解,它非常注重创新产品研发。汪振说,公司的一个口号是"尽精微,致广大"。这家公司早期研发的是心脏支架,而一件产品的问世,需要许多科研人员的努力奋斗,为了完成产品,他们要在漫无边际的参数大海中,将每一组参数都进行模拟,以找到最合适的参数,这就像在无尽的黑暗中,找寻一丝光明。汪振说工作之后最令他难忘的一件事是沉浸于科研工作直到凌晨,然后在回家的路上,独自一人享受凌晨四五点钟的静谧。这种专注于一件事的态度不正是工匠精神的体现吗?在与汪振的交流中,我们也惊讶于一件产品从研发到测试再到最终完成取得证书,大概需要十年的时间,而这种"十年磨一剑,一朝试锋芒"的认真不也正是工匠精神最好的诠释吗?

寄良言于此,望美好未来

汪振结合自己多年在高新技术行业工作的经验,给工程学院提了一些建议,学院的科研能力仍有很大的进步空间,需要加强基础学科的建设,培养学生的基础思维、研究思维,并提升学生的自学能力,让学生能在未来持续长久地发展,而在实习方面,可以与企业深入合作,改变学生在实习时只能做些琐碎事情的现状。而对于学弟学妹们,汪振也给出了一些建议,在学校时,可以学习有关科研的软件,注重培养创新创造的能力。在日后发展中,勤奋努力等品质是最基本的,除此之外,我们还需要有自学的能力,并足够自律,因为日后不会有人再催着我们学习。还有就是需要我们能够更加

全面地提升自己的综合能力。而光能做得好还不够，将自己的努力能够很好地展示出来也是非常重要的。另外，我们需要选择好方向，找到最适合自己的路，然后脚踏实地，做好自己该做的事，不管遇到什么挫折，都要有能力调整好，并继续前进。最后，汪振希望学校能够越来越好，学弟学妹们能够学有所成，同时希望有更多的人加入医疗器械行业。

64. 张 舜

仰望大海，追逐梦想

张 舜

男，中共党员，上海海洋大学 2016 级机械工程专业研究生，研究生期间和毕业后 5 年内，他一直在上海海洋大学深渊科学与技术研究中心学习和工作，随后至今在上海遨拓深水装备技术开发有限公司工作，一直从事水下机器人、着陆器、浮标等深海装备的工作。

在校期间，他曾获上海海洋大学"优秀团员干部""社会工作积极分子"荣誉称号；在社会实践中，在临港地区开发建设管理委员会实习，曾获上海临港·南汇新城"优秀青年志愿者"、临港聚人气工程"优秀青年志愿者骨干"荣誉称号，曾多次参加志愿者活动，荣获上海浦东新区团委公益义卖活动、2015 国际垂直马拉松系统赛、上海创新创业总决赛等志愿者证书；在工作中，他曾获深渊科学与技术研究中心"优秀员工""先进工作者""工作积极分子"荣誉称号。

将论文写在祖国的江河湖泊上

踏进新学校就是踏进一个崭新的环境,当他迈入新学校的那一刻,激动和喜悦的感觉涌上心头。虽然地方偏远,却环境优美,且坐落于未来可期之城;面积不大却整齐干净、庄重优雅。他欣然接受和期待着这所美丽的校园,心中唯一的念头就是:来到了一个新环境,将抛弃以往的所有包袱和缺点,在新学校重塑自我,迎接崭新的生活。

在丰富的课程中,除了有博大精深的中文课外,也有外国老师亲自教学的外语口语课,他第一次现场正式与外国老师面对面沟通和学习,不仅获得了新鲜、有趣的互动,也体验了一种不一样的教学方式和学习方法。

在课题组项目中,他不仅学到了专业理论知识,而且提高了动手实践能力。在研二期间,他有幸跟着导师,带着学校自研的万米级全海深装备,第一次挑战马里亚纳海沟,并完成了海上多次试验,获得了突破性的项目进展和个人经验。他凭借着突出的表现,多次获得嘉奖,并以出色的学习和实践能力,毕业后直接工作于课题组团队,在各项工作中表现优异,在多个研发项目中发挥着重要作用,并多次完成了项目的海上试验,后续一直致力于海洋装备的开发和海洋环境的探索,继续为海洋事业贡献一分力量。

2022 年的疫情,虽然对国家、对上海、对学校、对个人产生了很大影响,但在困难和挫折下,学校师生表现出了积极配合、敢于奉献、不屈不挠、生机盎然的品质,同时开展了精神文化活动,体现出了强大的凝聚力和向心力。

追忆海大岁月,回首致敬自己

在海大 110 周年华诞之际,祝愿母校再创辉煌、更展宏图! 同时希望学弟学妹们不仅提高理论文化知识,而且要提高自我学习能力、掌握分析事物的能力、增强用实践解决实际问题的能力、不断创新和突破自我,从而绽放光彩人生。

学生在校的本职任务是理论知识和自我素养的学习,工作属于社会上更大、更丰富的舞台,需要的是处理实际问题的能力和与人相处的能力,是检验人生规划和道路的最直接手段。张舜在工作中，一直兢兢业业、忠于职守、精益求精，这是其基本素养的体现；此外，专注目标和梦想，虽然他的技术研发工作相对比较枯燥无味，容易陷入技术瓶颈，期间多次产生了放弃的念想，但他对技术本身具有浓厚的兴趣，通过不断积累技术经验、不断迭代升级，着眼于实际，并耐心地、拆分式地执行，逐一排除故障、解决困难；在成熟稳定的工作中，他还不断提升自我的技术能力、不断完善自己的实践过程、不断提出新的产品想法。通过他的努力和坚持，也开发设计了新的产品并应用到实际工程中，获得了一定的成就感和自豪感。

金鳞岂是池中物，一遇风云便化龙

"希望学弟学妹们在最重要的大学阶段，充实和完善自己，只有利用自己珍贵的大学时光，主动学习、开阔视野、耐心坚持、敢于创新，才能成为一个锋芒内敛、精华外现的优秀人才，从而可以更好地为自己定位、明确自己所需，选择适合自己的最好人生道路。"张舜这样寄语学弟学妹们。让我们一起追逐星辰大海，追逐梦想。

65. 王鹏波

百折千回，终至所归

王鹏波

　　男，上海海洋大学 2015 级机械工程专业研究生，毕业后，在高通（中国）企业管理有限公司工作，从事半导体行业产品测试的开发工作。在校期间曾申请过两个新型专利，参加全国研究生数学建模竞赛并荣获三等奖。

拨开云雾见月明

　　王鹏波的本科专业是自动化，与电子技术方面相关，之后来到海大机械工程专业，学习机械相关的内容，研究方向是材料，虽然接触的事物范围很广，但用他自己的话来说就是很迷茫，不知道未来的确切发展方向。直到王鹏波在台积电实习一段时间后，才拨开云雾见月明。王鹏波回忆起快毕业时，去台积电实习了两个月。因为台积电是做半导体代工的。在这个实习岗位上，他接触到了很多半导体相关的知识，由此萌生了对这个行业的兴趣。在他毕业之际就开始关注这个方向，也发现自己更热爱与半导体相关的行业，所以最终选择了它。

热爱与坚持终将换来收获

还没踏入社会时，对它是未知的，所以会有点紧张，当时快毕业时的实习经历算是王鹏波从学校到企业工作的一个过渡阶段。那时候实习生跟正式员工差不多，也是朝九晚五打卡上下班，工作内容主要还是跟着带教师傅多学多做。实习的经历会带给你不同的体验。在学校有充足的时间学习，但工作之后，没有那么多时间研究，而是要快速地学习，尽快地熟练掌握基本常用技能。王鹏波说企业就是讲究效益与效率的地方，我们学生需要学会将所学知识转化成技能应用到项目开发中去。初入社会可能不适应这样的工作，这时候实习就可以作为很好的过渡，能帮助我们提前了解不同、积累经验。王鹏波这样建议学弟学妹们："在实习过程中也可以培养快速学习的能力，先吃透重点，再逐步深入研究，探索新的东西。"

"我现在从事的是测试工具开发的工作，但我的专业与其不是特别匹配，那我就需要学习很多东西。比如说，我现在的工作是偏软件方面的，那像各种编程语言，Python、Java、HTML、CSS……有些是我需要现学的。况且相比一些科班出身的学生，我还有很多的不足，只能现学现卖，花上更多的时间和精力去弥补。后来年终绩效考核的时候，我在同一届应届毕业生中排名第二。这对我来说是比较满意的成绩了"，王鹏波如实说。

正是源于王鹏波的坚持与热爱，才能不断缩短与他人的距离并超越！

扎实理论知识，躬身实践行动

王鹏波寄语："在学校，我们依旧有许多时间与机会。并且时间是可以自己把控的。希望学弟学妹们利用可把控的时间多学习新的东西，也可以多了解一些各行各业的知识。有机会的话尽量找个实习单位去实践一下，这样可以帮助自己知道是否喜欢这个行业。另外做事要先有明确目标，再制订学习计划，然后不断学习完善。"

66. 邓智雯

不忘初心，方得始终

邓智雯

女，上海海洋大学 2015 级机械工程专业研究生。毕业后，在博世汽车部件有限公司任职研发项目管理工程师，主要负责汽车电子类产品机械主体部分的研发项目的管理工作。主要工作内容为收集客户需求，定义项目目标，制订项目计划以及管理项目进度，组织协调团队成员工作以确保可交付成果的准时交付。

感恩海大

2015 年，是机遇偶然也是踌躇满志，邓智雯来到上海海洋大学工程学院。她感叹那三年的研究生时光，美好而短暂。正如邓智雯所说，时光会褪去曾经成长过程中的慌乱与不安，蓦然回首，最终沉淀在心间的是对海大的感恩。海大让她结识了一群优秀的同学，他们一起披星戴月做研究，一起欣赏海大的风景。回忆起来，令她记忆最深刻的就是傍晚海大的晚霞，虽然已经毕业 4 年多，但至今脑海里还能浮现起当时的画面，并感受到那种温暖与美好。

适应时代，迎合需求

谈到岗位工作内容时，邓智雯说汽车的电动化、智能化、网联化、共享化是未来发展的一个趋势。随着智能汽车逐步渗透全球市场，全自动驾驶趋势正转变汽车的研发思路和使用场景。在新能源汽车赛道，我国汽车行业换道先行，取得了某些先发效应，为我国由汽车大国转向汽车强国提供了机会。在国家政策的支持下，中国良好的汽车市场环境为我们汽车行业的求职者提供了更多的机会。她呼吁同学们多关注关注近期汽车行业的招聘信息，仔细观察会发现，对于自动驾驶以及新能源汽车相关的人才需求量非常大，而且薪水也很可观。同时不断变化的市场环境以及需求，对相应工作岗位的"打工人"来说，意味着要不断学习新的知识，并适应快节奏的变化，以迎合职场需求。

回首海大，寄语学子

一直以来，无论是学习还是工作，邓智雯都将"不忘初心，方得始终"作为自己的座右铭。邓智雯寄语学弟学妹们："无论将来你们选择什么行业的工作，一定要记得自己最初的目标，在学习中保持高昂的斗志。同时要记得，学历不等于学问，持续学习才能让自己保持活力，希望大家走上社会做个真正有学问的人。"

67. 陈英才

志之所趋，无远弗届

陈英才

男，上海海洋大学 2015 级机械工程专业研究生，毕业后，他在泛亚汽车中心有限责任公司工作。在校期间，参加过校级学术论文报告会、全国研究生数学建模竞赛等活动。曾获研究生学业奖学金，发表两篇论文并被 cscd 期刊收录，还获得一项实用专利。

幸遇良师，共探复函奥妙

师生，是一场向美而行的遇见，是一场无与伦比的遇见。陈英才在访谈中讲起他在研究生时期学习复变函数的故事，起初他不是很喜欢学习复变函数，对复变函数不是很感兴趣。但是他遇到了陈洪武老师，陈老师上课风趣幽默、深入浅出，能把晦涩难懂的函数变换原理讲进大家心里，而不是只塞到期末考卷的答框里。在陈老师的教导下，他对复变函数的兴趣越来越浓，也因此踏入了探索复函奥妙之旅。幸遇良师，三生有幸。

志之所趋，无远弗届

从相遇到相识，他们是来自五湖四海的莘莘学子；从相识到相知，他们因共同参加全国研究生数学建模竞赛而成为并肩携手的好伙伴。陈英才在回忆研究生阶段赛事活动时，令他记忆最深刻的是他与两位同学共同组队参加数学建模竞赛。三个人组队，一个人负责编程建模、一个人负责论文、一个人负责资料查找，陈英才就负责论文。回忆中，他说当时为了节约时间，他与两位队友专门在学院内找出一间教室，在教室内囤满了五天的食物，比赛期间一直待在教室里。在那一段为了目标努力奋斗的时光里，陈英才受益颇深，所练就的坚韧不拔的品质始终伴随着他。

行之愈笃，知之益明

110 周年风雨兼程，海大历经沧桑，依然秉持"勤朴忠实"的校训精神，今朝更是奋发图强，陈英才饱含真情地祝福海大生日快乐。同时，陈英才也希望学弟学妹们在学习专业知识之余，能够多多参加实践活动，学以致用，善学善用。陈英才送给学弟学妹们这样的寄语："志之所趋，无远弗届，穷山距海，不能限也。决定灿烂时，山无遮，海无拦。"

68. 李世超

执着专注工一技，精益求精匠一心

李世超

　　男，中共党员，上海海洋大学 2017 级机械工程专业研究生，从研二开始在上海 ABB 工程有限公司实习，毕业后即入职该公司，现任 R&D 工程师。在校期间担任学生支部纪检委员，积极参加各种科创比赛，曾获中国研究生电子设计大赛上海赛区三等奖，iCAN 国际创新创业大赛全国三等奖，以及校二等奖学金，两项发明专利和实用新型专利若干。

驰而不息，久久为功

　　李世超在回忆起自己在海大的研究生学习阶段的生活时，提及令他最为难忘的就是和自己的团队共同完成科研赛事的经历，以及给他提供了很多帮助的导师，在海大的时光也锻炼了他脚踏实地、坚持不懈的品质。

　　在研二阶段，李世超就在一位学姐的介绍下通过面试前往上海 ABB 工程有限公司进行实习，他回忆起那段时光依旧深有感触，"学姐给了我这样一个宝贵的机会，我提前做了很久的准备工作，即使当时的竞争很激烈，但我还是想要拼一下",李世超正是抱着敢于挑战、不惧困难的态度去充实自己,最后成功获得了实习的机会。虽然在实习的最开始,李世超是在生产部的车间承担一些比较一线的工作,他自己也表示可能这在别人看来是一份又脏又苦的累活,为什么不选择一份较为轻松的实习工作,但是他在那个时候就坚定一个信念,便是"千里之行,始于足下",只有从基础做起,才能真正在这个行业走得更远。

在生产部的实习工作让李世超学习到了很多,凭借认真务实、踏实肯干的工作态度,他也顺利地留在了这家公司。之后的一段时间李世超继续在生产部工作,随着经验的积累和技能的提升,李世超获得了在研发部门任职的机会。李世超非常珍惜在生产部工作和学习的那段时间,他学到了很多,那段经历对他现在的研发工作有着非常大的帮助。他也希望学弟学妹们在未来最初选择职业的时候不要过度在意职位和薪资的高低,更重要的是需要去衡量自己可以从中学习到什么。

不弃微末,不舍寸功

李世超目前从事的工作主要是研究与开发,更多的是做一些贴近生产的辅助计算工作,对生产图纸进行一些修改和升级。在他平常的工作中,需要和大量的图纸打交道,他称自己在工作当中有着"强迫症",其实就是在作图过程中时刻要求自己保持高度的认真和细致。李世超表示:"我们需要把一些标的尺寸做到横平竖直、符合规章制度,如果图纸上有些东西标的不是那么清晰,尽管图是对的,但是对于供应商来说相当于是给他们埋了雷,往往就无法准确无误地生产出一个产品。"

在产品研发设计和投入生产过程中的每一步都非常重要,需要保持一丝不苟的态度去完成,李世超表示在实际的工作过程中,我们是没有办法去要求别人做到尽善尽美的,所以我们需要用更高的标准来要求自己;任何细枝末节都可能决定了事情的成败,所以不要忽视任何细节,要脚踏实地地去做好每一件小事。

祝福海大,寄语学子

在采访的过程中,李世超结合自己的工作经验鼓励学弟学妹们要好好学习英语,不断丰富专业知识以及提升办公软件应用技能,不断充实自己。李世超也对海大学子们寄语道:"首先是希望学弟学妹们要好好学习,认真完成在校期间的基础知识学习;同时希望学弟学妹们要懂得把握时间,尽早地给自己定下方向,学会做长期的规划,更要有自己的想法;最后祝福学弟学妹们在未来的学习和生活中会有更多的收获,能够天天开心。"

在海大110周年校庆之际,李世超也表达了自己对海大最真挚的祝福和想念,希望自己有机会可以再次回到海大的校园,"借机会我想祝我们海大越来越好,招到的学生越来越多,培养的学生对社会的用处越来越大"。

69. 姜楠

学以致用，不畏前行

姜楠

男，上海海洋大学 2016 级机械工程专业研究生，毕业后，在上海海康威视有限公司担任测试工程师。

一步一个脚印，稳扎稳打

大学期间，姜楠从科研入手，不断向老师学习，丰富实践经历，加强学习新知识的能力，积极参与学校举办的各项活动，从不同的方面锻炼自己。不仅如此，在步入工作后，他积极认真，遇到不懂的问题及时查漏补缺，业余时间积极拓宽自己的视野，学习新事物，对待同事热情积极，这也使得他在工作中广受好评。

目标清晰，步伐坚定

姜楠永远记得在研究生阶段，学校里面组织的一次学术交流会，是由工程学院曹老师牵头组织的一场海洋类的论坛活动，持续了十几天。在活动中，他遇到很多海洋行业相关的企业家，以及海洋类院校的专家教授、学者。活动内容丰富，包含线下实地走访等内容。在这个活动中，他认真学习，开阔了自己的视野，同时也下定决心，一定要努力拼搏，让自己的人生发光发热。

谈到新时代大学生该培养什么样的科研或工作能力时，他认为在学校里面，专业课知识肯定要学扎实，业余的时间还可以多补充学习基础学科的知识，还有锻炼与人交流的能力，因为在工作中很多时候是靠团队协作的，一个人无法完成。他还鼓励当代大学生有机会还是要出去多走走，多看看。

寄语后来人

他对学弟学妹们说："第一是结合自己的兴趣爱好选择将来要工作的领域。第二就是结合当前的社会背景作出行业的选择，比如说选择一些国家重点扶持的行业，这样的话可能会有更多的机会，更持久的发展前景。"

对于学校，他表示："希望海大以后越办越好，也希望每年都有一些活动可以举行，让我们这些毕业的学生也可以参与，最后祝福海大和学院发展得越来越强！"

70. 陈 绪

探索创新　渐寻践行

陈 绪

　　男,上海海洋大学 2016 级机械工程专业研究生,读研期间成绩优异。现于上海汽车集团研发总院担任集成测试工程师一职,主要从事汽车自动驾驶技术的研发工作。

求学故事

　　陈绪离开海大校园接近 3 年了,但是他对于曾经指导帮助过他的恩师们记忆犹新。他最感谢陈老师,在研二的时候陈老师积极帮助他联系各方渠道,积累科研资源,带他参加各种工程项目,这为他日后的工作打下了坚实的基础。海大老师们的尽心尽责给他留下了极为深刻的印象,采访中他也表达了自己难以言尽的感恩之情。

　　当谈起科研学习生活时,陈绪说自己也是通过几件小事渐入佳境的。

一定不能太浮躁,要静下心来学习。他说,在他学习生涯中最难忘的一段经历就是他自己搭建的基于深度学习的机器人抓取成功运行。他完成了由理论到实践的升级,那是激励他深入学习研究的一个契机,也使得他就此开始了智能自动驾驶技术的工作。

紧握挑战机遇,融理论于实践

陈绪对于工匠精神的诠释简单深刻,他认为工匠精神在学习生活中最深刻的体现就是坚持理论学习并亲身实践,只有动手操作才能将理论转化为能力技能,这也与工匠精神中的精益是一致的。可以从日常学习出发,从最基础的学科实验开始,一点一点踏踏实实地实现自己的想法,提高自己的创新力,积累专业技能和经验。他说,一个个陌生的课题是使人受益良多的机遇,我们应该好好抓住这些机会并锻炼自己,项目就是经验的根本。这就是陈绪身上不凡的工匠精神的体现。

一步一脚印,理论与实践并进

"研究就是学会摸着石头过河,要不怕河,学会摸着前人放下的石头来循迹。"陈绪在采访中多次提到"摸着石头过河",他指出站在前人的肩膀上摸爬滚打才是研究创新进步的本质途径所在。"如果在工作中遇到自己不会的任务,就要一边学习一边工作,一边培养一边实践,没有环境就搭建环境,遇到困难就克服困难。"无论是研究还是工作都是这样,再无从下手的事情也能从基础出发,不慌乱急促,逐渐搭建自己的研究知识架构,关键是要重视理论与实践相结合。"能动手的就多动手,没有一个动手的过程,你学的理论知识也就派不上用场。"在自己的专业领域通过实践来沉淀经验,升华理论知识,真正做到"学以致用",这便是陈绪总结的优秀学习经验。他对海大的学生们寄予厚望,鼓励学生们积极实践,努力创新。

71. 李广洲

珍惜当下,锻炼自己

李广洲

　　男,上海海洋大学 2016 级机械工程专业研究生,现就职于上海某船舶公司,担任机械工程师一职,主要负责公司船舶零件的设计工作。

湖畔团建,难忘青春

　　李广洲回想起他第一次来到海大是为了参加研究生复试,初到学校就仿佛来到了一片绿色的森林,校园环境十分优美,这也让他暗自下定决心一定要考上这所大学,最后李广洲以优异的成绩被海大录取。

　　回忆起自己在海大度过的研究生生活,令他最难忘的就是班长组织的一次班级团建,当时他们去了宝龙广场的一家烤肉店,班上的同学们互相聊天,互相打闹,其中班长与副班长在一起比拼酒量,热闹的氛围给李广洲留下了深刻的印象。吃完烤肉以后,全班同学就骑自行车到滴水湖旁,在草地上铺上毯子,吃着零食,喝着饮料,一起聊天,团建的最后大家一起拍了张合影。现如今,每当看到这张合影,无数的回忆便涌上心头。

严师良习,助力未来

当谈到令他印象最为深刻的老师时,李广洲不假思索地回答道是教他们随机过程与数理统计这门课的陈洪武老师,还记得陈洪武老师要求班上的每一位同学在上课前准备好课上章节的学习内容,并在课堂上一起讨论自己对本章节的理解,最后由陈洪武老师对每个人的理解进行一个总结与归纳,这门课充分锻炼了大家的自学能力,并让大家对课程所学内容有了极为深入的了解,独特的教学方式让李广洲对这门课与老师印象深刻。这门课程内容也为其后来的工作与学习提供了非常大的帮助。

正视不足,相互学习

作为一名机械工程师,李广洲主要服务于上海的船舶公司,繁忙的设计工作带来了许多机遇与挑战,一个产品的设计往往需要一步步地积累,其中一个零件可能就要花上一周的时间,当有了一个初步的设计后,如何在电脑的三维软件上将它表达出来,这就需要通过不断的学习来提高自己。因刚毕业不久,在工作经验和专业技能方面还有所欠缺,这也使得李广洲在工作上有些力不从心,但他深知只有不断学习,提升自己的专业技能才能更好地完成工作。于是,互联网、身边的同事、业内的精英都成了他的老师。他坚信,当下的努力一定会成就未来更好的自己。

勇于实践,不负韶华

"社会与学校不同,在学校里自己是一个学生,在时间方面是比较自由的,可以随意安排自己的课后时间。当你进入一个公司,有了一份工作后,就要遵守公司的规章制度,如公司的日常考勤,因为公司是一个团队,团队里的每一个人都有自己不可或缺的职责。学弟学妹们要好好珍惜现在的时间,多利用寒暑假去公司实习,以此来锻炼自己与人交流的能力。"李广洲这样寄语学弟学妹们。

对于海大这个承载着他太多青春美好记忆的地方,李广洲也有许多话想要说:"首先,很庆幸自己能考上海大的研究生,其次希望海大的学校排名越来越靠前,社会影响力越来越大,越来越多的学科入选'双一流'建设学科,最后祝愿海大 110 周年生日快乐。"

72. 李志刚

坚持不懈，迎难而上

李志刚

　　男，上海海洋大学 2016 级机械工程专业研究生。现于爱达克车辆设计（上海）有限公司任高级工程师，主要研究领域为汽车电子软件开发，近期参与汽车电子相关 ECU（电子控制单元）的开发工作。

温暖中成就自我

　　谈及对校园的印象，李志刚讲道，2016 年刚进海大的时候，对校园的第一印象是比较安静，远离城市的喧嚣，比较适合学生学习和科研。

　　论及印象最深刻的老师，李志刚谈到了他当年的研究生导师崔秀芳老师。他说崔老师的谆谆教诲让他终身受益，也让他很难忘。在学习和科研方面，崔老师一向是非常严格的，例如崔老师经常会去实验室询问科研的进度，然后解决科研的难题，帮助学生修改论文。

崔老师还会给学生送温暖,比如冬天比较冷,她看到学生在实验室里面做科研比较辛苦,会自费给大家点奶茶,还隔一段时间带课题组一起出去聚餐。

坚持中战胜困难

"在工作中遇到了技术相关的问题,要冷静下来,仔细去想一想。告诉自己,不要着急,因为还有时间。"在谈到工作中遇到的困难时,李志刚这样说道。在面临压力之时,他没有手足无措,即使时间紧迫,略显焦头烂额,他也深知这是对自身能力的考验,需要对自己充满信心,相信自己一定能够克服困难。"再坚持一下,办法就找到了。所以我就觉得有的时候自己多坚持一下,可能就会有不一样的发现。"李志刚说起自己在面对困难时的态度,那就是坚持不懈。

奋斗中走向未来

"大学时光其实是我们人生中非常宝贵的一段时间,希望学弟学妹们在学好学校开设的这些课程之余,可以多参加一些感兴趣的社会实践活动,特别是和自己专业相关的社会实践,以后对你无论是走上科研的道路,还是走上就业的道路都会有很大帮助的。"谈及给学弟学妹们的经验,李志刚强调了学习和实践的重要性。"恰逢海大 110 周年校庆,就祝母校 110 周年生日快乐! 祝老师工作顺利,身体健康! 祝学弟学妹们学业有成,前程似锦!"李志刚给母校及老师同学们送出了真挚的祝福。

73. 吴志峰

责任在肩，坚持不懈

吴志峰

男,上海海洋大学2016级机械工程专业研究生,现于上海飞机制造有限公司担任中级工程师一职,主要负责协调各部门生产等工作。

求学故事

吴志峰曾担任工程学院研究生会副主席,其在研究生会工作期间组织开展了多次学术交流会、文化节等活动。他谈起参与学生工作,最大的益处就是锻炼了自身的社交能力,这对于离开学校步入社会工作的同学尤为重要。

谈到印象深刻的老师,吴志峰提到了自己的导师吴子岳老师以及许哲老师,他说两位都是资历非常深的老师,从两位老师专业的课程讲授中受益匪浅,此外,除了治学的严谨外,两位老师对学生的生活也是关照有加,十分和善,这一点他至今都感触颇深。

传承榜样力量,坚守岗位责任

对于工匠精神,吴志峰一点也不陌生,他谈道自己的身边就有两名大国工匠,他们是上海飞机制造有限公司中的一线技术工人,他们在自己的岗位上深耕几十余载,以自己的敬业与精益获得了不朽的荣誉。

感受到身边大国工匠的榜样力量,使得吴志峰虽身处管理岗位,但也同样以自己的行动诠释着工匠精神,其主要负责的工作为协调各个部门生产,工作中一旦出现像航空航天方面的特级零部件,处于管理岗的他需要 24 小时待命,随时沟通信息,汇报领导决策。其工作流程可以总结为信息收集、信息摘取、逻辑整理,相当于一个信息包容器。其中时时刻刻的待命,高效的协调处理是他身上所折射出的工匠精神,这反映的是工作的责任感,亦是对自己从事岗位的热爱与执着。

"定位—求职—兴趣"三部曲

"祝福我们海大越来越好,越来越多的人去加入、去建设我们学校和工程学院,也祝福各位老师工作顺利、步步高升,各位同学学业有成。"这是吴志峰对母校 110 周年校庆的祝福与告白。

谈到给学弟学妹们的经验,他从三个方面进行了阐述。第一点在于自身定位,知道自己要去哪,也就是结合自身的条件去确定一个方向。第二点在于工作就业,现在的就业压力还是很大的,因此不仅要在简历方面下功夫,更要主动、广泛地去跟企业沟通。最后一点便是兴趣,要选择自己所热爱的事业,满怀热情地投入工作,由此才能持之以恒,实现人生的价值。这是吴志峰为大家总结的三条经验,也是他一路走来所怀揣、坚守、实践的信仰。

74. 石福孝

以奋进表奉献

石福孝

　　男,上海海洋大学 2018 级机械工程专业研究生,出于个人兴趣,在校期间学习计算机相关技能,并在互联网公司实习,现就职于上海联影医疗科技股份有限公司,担任图像算法工程师。

海大求学,不断成长

　　石福孝第一次进海大是在研究生复试的时候,海大校园里绿树成荫,实验室设备仪器齐全,干净整洁,学习氛围浓厚,同学们平时会去图书馆自习,学校也经常邀请学术大咖举办讲座。石福孝很感谢海大给了我们如此好的环境、氛围和资源。谈到印象比较深的老师,石福孝提到了他的导师崔秀芳老师,她教嵌入式系统设计和单片机原理的课程,"崔老师严谨负责,她教我们如何在学习中循序渐进地读文献、学会总结。在她的带领下,我们课题组共同完成了农业农村部的大项目。她也会帮忙修改论文,耐心帮助我们,支持我们发表专利。此外,她还会给我们发放补贴,帮我们解决生活中的困难。我非常感谢崔老师,她让我在海大学到了很多,成长了许多"。

回想在学校里的很多事,石福孝最难忘的莫过于熬夜做实验。他的毕业设计是设计水下机器人,其中包括仿真实验和实地水下实验。仿真实验的第一步是要设计实验方案,查找很多文献,学软件,并找老师讨论。过程是比较艰辛的,但一切付出都有回报,对于仿真实验的结果,石福孝还是很满意的。他提及有次下水实验前自己检查了密封条,但进水还是导致单片机烧坏了,这件事让他很懊悔,若是自己再仔细检查也许能够避免错误。自此以后,他吸取教训,做实验要稳步推进,这锻炼了他的耐心和细心。

迎难而上,付出终有回报

石福孝认为工匠精神是一种追求卓越的创造精神,精益求精的品质精神,以及用户至上的服务精神。具体到个人岗位来说,首先要会做人,做一个善良、诚实的人;其次要会做事,踏踏实实地做好自己的工作。石福孝提道,自己所在部门的主要业务是跟医院做科研合作,但是医生不懂算法技术,自己又不懂临床技术,双方沟通想法时很难。"我耐心地简化自己的专业内容讲给医生听,医生也会时常给我普及一些临床知识,经过双方不断沟通和磨合,我们慢慢地能够听懂对方的意思。"他说这可能没什么诀窍,只能遇到困难时努力想办法解决,迎难而上。他再次提及"有付出就有回报",2022 年双方成功合作发表了 SCI 文章。

寄语学子,展望未来

结合现在的工作经历,石福孝认为学生应加强遇到困难解决问题的能力。比如遇到程序中的 bug 不知道如何处理时,学会从网上找相关的调试方案,在这个过程中会学到很多东西,以后遇到类似的问题也会解决。在工作中,常常会有工作对接,或是需要和他人一起完成项目,那么沟通能力是非常重要的。石福孝希望学校可以多开展校企合作项目,工作中多实践对学生的学习有极大的帮助。

回忆美好的大学生活,石福孝希望学弟学妹们有想做的事情就尽情地去做,不要留下遗憾。"如果感到迷茫可以给自己建立一个坚定的小目标,然后一步一步脚踏实地地去做。我们要不断地提升自己的能力,同时享受大学时光。""最后,祝海大生日快乐! 希望母校在未来新的征程中发展得越来越好,学科排名蒸蒸日上,学弟学妹们学有所成,我也会一直关注母校的发展。"

75. 马丁一

清晰未来，一如既往

马丁一

男，上海海洋大学2019级机械工程专业研究生，毕业后入职北方设计院，任职助理工程师。

角色转变，适应社会

马丁一在研究生复试的时候来到海大，当时觉得校园很漂亮，面积很大，风景很优美，于是便喜欢上了海大的校园环境。后来入学的时候认识了一些同学，还有学弟学妹们。马丁一说道，企业会有师带徒的制度，就是新员工需要老员工带教一下，但是老员工不会像学校老师那样耐心且无私地教你，因为企业里的其他职工也都有自己的事情，所以更多还是要靠自己勤奋学习。校企差异就是如此，到社会以后会感觉也没有那么多人在乎你，因此要及时适应社会，做好本职工作，独立经营好自己的生活。

研究生的主线任务是完成论文跟课题，而课程的比重可能没有本科生那么大。当然也是需要学分的，多方面涉猎会对自己的研究有所裨益。

校园记忆，成长纪念

在学校难忘的事情有很多。我在学校加入了电声乐团，我们有的时候会办演出，我记得有一次在一个下雨的夜晚，我们在大船边上办了一场演出，在大雨里面畅快淋漓地表演，我觉得那次经历给我的印象特别深刻，对我来说也是一个特别美好的回忆。

可能这一路走来也是对个人心智的考验以及使心智变得成熟的过程吧。到了研究生阶段，像大学和高中的那种传统班集体的感觉就会弱化。当时我跟我的三个舍友都没怎么见过面，大家就是各忙各的，能碰到的机会很少。后来进入工作岗位以后，反而有的时候就觉得压力没有读研的时候那么大了，我觉得会轻松一些，可能就是不用再为写论文或者发表论文发愁了吧。

规划未来，提早行动

不管决定考研或者决定就业，都要自己多主动出击，不能很被动地去等老师或者学校发通知后再去了解。我有一个师兄，也是海大的研究生，他比我大一届。他找工作的那段时间让我印象挺深刻，他可能投出去了几百份简历，就是不停地在投简历，在跑面试，当时有疫情，他就远程面试，一刻也没有停过。最后他也进入了一个很好的企业。我觉得在就业方面就是要主动出击，有的时候机会就是自己争取过来的，要好好利用好校招的平台，因为现在好多大型企业或者国企、央企，他们可能就只要应届生。

我现在从事的是工程设计行业。我们这个行业有时候还是比较辛苦的。做项目的时候一忙起来就没有假期的概念。如果没有项目时，就比较自由，时间其实是比较灵活的。然后谈前景的话，我觉得我们这个行业的前景可能在外贸方面会更好。

真诚寄语,同心祝愿

我有的时候是真心地替一些学弟学妹感到遗憾吧。因为疫情影响了大家的生活,包括各行各业,尤其是在校的学生,可能受的影响会更大一些。我只能说希望大家一定要调整好心态,然后在有限的范围内去做好自己想做的事情。我还希望大家要好好利用这段在学校里可以自由支配的时间去完善自身。同时也希望我们学校能够建设得越来越好,在学术方面也能取得更高的成就。

76. 田晨曦

精益求精，一路追梦

田晨曦

男，上海海洋大学 2010 级机械设计制造及自动化专业本科生、2014 级机械工程专业研究生，现任职于中国商飞。本科期间学习优秀，获得本校保研资格。在研二期间有过为期一年的西部志愿者经历。

学校故事

本科期间，田晨曦任班级班长，参与了微软和上海高校合作的一个校园社团活动。大四整个上学期在一家瑞典的机器人手臂公司实习，也正是这段实习经历，让他对后来正式入职中国商飞有了很大的信心。

他在研究生二年级的暑假做了一份暑期实习，当时是在通用汽车公司。令他印象特别深刻的是，他们当时做了一个叫作精益的项目，主要是针对同平台竞争的一些车型，分析通用汽车公司的车型与其他公司的车型相比的优势或劣势。他们在整个过程中运用了大量的数学分析。他当时是研究雪佛兰科鲁兹的车型。他对整个科鲁兹的车型的所有功能性要求以及所有的零部件采购价格进行了全盘整理。然后通过 Excel 以及一些数据分析软件，梳理出通用的这款车型和其他公司同级别车型相比的优势，然后把这份最终的总报告递交到美国总部，总部会根据报告进行一些本土化功能的设计。回想起来，当时付出过那么多的努力和心血来做这个项目，当看到它逐渐落地，就会有非常大的成就感。

行业的机遇与挑战

在真正参加工作后，田晨曦在中国商飞从事质量审核工作，会经常去审核产品，从中发现问题，然后将这些问题传递给相应的责任部门，让他们去优化、整改、持续改进，目的是防止这些问题在航线上以及运输过程中发生。田晨曦对工匠精神的理解偏向于精益求精、精细制造以及自己对工作的非常高的关注度和责任心。

在田晨曦看来，中国的国产大飞机是非常有前景的。他也希望学弟学妹们在毕业之后有机会加入国产飞机的研发建设中，也希望学弟学妹们可以有机会来到中国商飞，不管是参观也好，还是实习也好，都可以加入这个大家庭里面。

校友寄语

"我还是比较鼓励我们的学弟学妹，在大学后阶段，比如大三的暑假或者是大四的下学期多做一些实习工作，这样的话大家可以通过实习将实践与理论知识进行融会贯通。"

77. 王鹏

匠心之美，心向往之

王鹏

男，中共党员，上海海洋大学 2018级机械工程专业研究生，现担任上海一家外资企业的自动化研发工程师。

来时沉醉校园之精美，回首时念同甘苦之伙伴

"对母校的印象倒是挺深刻的"，王鹏回忆起第一次来校的时候。第一次来学校是 2018 年的 3 月，当时坐了很久的地铁才到学校，到校后发现"学校的风景和建筑非常美，初春的阳光倾泻在镜湖清澈的水面上，波光粼粼，让人心旷神怡，学校的老师和同学们都非常好，给了我许多的指导和莫大的帮助，在此要衷心地感谢他们！"沉醉于优美的校园环境，感慨于朝夕相处的师生情、同窗谊，王鹏回忆道："在学校发生的难忘的事有很多，比如熬夜参

加科研竞赛,参加进博会志愿者活动,还有和实验室的小伙伴们一起坚持完成项目然后去烧烤,这些回忆都很难忘!"我们总是会怀念起在最艰难的时候一起奋斗的伙伴,苦尽甘来的滋味一定很美妙!

牢固知识之地基,将热爱与坚持化为工之匠心

王鹏认为:"当下在校学生应当首先加强对基础专业知识的掌握能力以及对行业技术发展趋势的关注度。专业基础知识就是地基,对个人的发展十分重要,只有地基牢固,今后才能在此基础上有提升,对行业技术发展趋势的关注更利于今后走入科研或者工作岗位后对自身掌握的专业基础知识的综合运用,个人对专业知识的综合运用能力就是个人对全新工作环境适应能力的最有力的体现。"在王鹏看来,工匠精神主要包含"热爱""专注""坚持"三个方面。对感兴趣的未知事物和技术的强烈好奇会使人产生热爱,在热爱的强烈刺激下能不断地探索与发现事物的本质和技术的原理,专注在其中,会乐此不疲地不断创新。还有就是要克服一些阻力,学会坚持才能把事情做到极致,成为自身领域内真正的工匠。他鼓励本科学弟学妹们打好基础,积极了解所在专业的行业技术趋势,掌握专业基础知识的综合运用,坚持所想所爱,专注做事,用热情和坚持击败困难。

逢百年之校庆,送真诚之祝福,传学习之经验

在校友分享经验中,他说:"学校的时光美好而短暂,个人可以合理规划自己的时间去全面提升发展自己,培养兴趣爱好以及丰富各方面的知识,工作以后每天的时间相对固定,也会面临项目中的困难和压力,节奏相对会快很多,需要持续不断地提升自我和多方位地学习。"校园的美好时光不仅能丰富我们的知识储备,还能让我们拥有更全面看待自己未来的认知。

最后,王鹏在对海大表白中说道:"勤朴忠实,奋楫前行,百十海大,再创辉煌! 真诚祝福海大 110 周岁生日快乐! 从海洋走向世界、从海洋走向未来!"

行走中的
工匠精神

第二篇章 管理服务篇

1. 武 刚

回乡创业，推动 3D 产业发展

武 刚

男，上海海洋大学 2014 级机械设计制造及其自动化专业本科生，现任阜阳托邦屋商贸有限公司经理。目前从事机械相关领域，对制造业发展有较为深刻的认识，负责 3D 打印以及产品推广相关业务。

学校故事和工作历程

大学期间，武刚多次参加科创比赛，荣获一次全国二等奖，两次市级一等奖以及一次市级二等奖，他不断地学习专业知识来充实自己，以至于他毕业找工作时能够有很好的科研经历与获奖荣誉，这是他求职面试的敲门砖和优势，所以他说，努力付出和回报是成正比的。在刚进入企业的时候，武刚做的是自己的本行工作，他能将学校里面学到的知识学以致用，同时他又能够虚心向老师傅以及一些技术员请教，不停地去学习、去沉淀，并且他有着自己的目标以及对职业前景的看法。

回乡创业，迎难而上，展现工匠精神

目前，武刚选择的是在家乡进行创业，发展并推广 3D 打印技术，这几年一直在家乡推广概念、课程、技术理念等等，武刚所在的城市属于三线城市，但他比较看好 3D 打印这个产业的前景，在推广过程中，他接触到的困难一般在设计前期或设计中期，可能选择了一个设计方案之后，去进行打样，打样回来又发现强度不够、可操作空间比较小等很多问题。对于解决办法，武刚提出还是需要多思考，要快速测试脑海中的想法，以至于不会耽误太多的时间，不影响整个项目进度。遇到不懂的问题就多请教别人，然后多积累经验，只要下定决心，最后肯定是能够解决困难的。

对学弟学妹们的寄语与经验分享

武刚指出，现在学校里的学弟学妹们大多数已经是 00 后了，他们接触的东西比之前要多很多，了解的东西更前沿，确实也更有主见。武刚觉得他们只要能够坚持自己的选择，坚持自己的本心，热爱生活，这些知识技能都可以慢慢培养，慢慢去学。对于工程学院的学生，企业更看重的是他们的实践能力和经验。武刚从大二开始参加比赛，设计制作产品，这些经历使他对于一些产品设计与产品规划相当熟悉，对他在企业工作有很大的帮助。武刚还提出，对于我们工程学院的学生来说，可以进入实验室学习或参加比赛，这对于个人的能力提升还是很重要的。参加这些比赛其实不仅能提升专业技能，还能锻炼包括美工设计、音视频剪辑等方面的能力。

2. 宫子豪

夫唯不争，天下莫能与之争

宫子豪

男，上海海洋大学 2016 级机械设计制造及其自动化专业本科生，在校期间担任安全协会代理社长，获校三等人民奖学金。毕业后，曾进入民营企业工作一年，随后考取公务员，现就职于黄浦区生态环境局，分管解决社区噪声、废气污染等环境问题。

不负相遇，感恩美好

宫子豪从海大毕业多年，谈及他在学校印象最深刻的事情时，他回忆道：海大四年生活给我留下了美好的回忆，其中 2017 年的夏天最让我记忆深刻，那是大一的小学期，顶着高温每天上李老师的机械制图课，手绘减速器图纸，条件可谓"艰苦"，但没人喊累，最后大家都坚持了下来。我们要不负时光，如此才能感受美好。在回忆海大的生活时，"宋秋红"的名字经常被提及，他是宫子豪的启蒙老师，"宋老师常说，虽然大学生活是自由的，但仍需自律自强"，此外宋老师时常鼓励他们要好好学习，要为自己的未来做好准备。这也是宫子豪最终选择考取公务员，为民服务的原因。

躬身尝试，培养提升

采访中，宫子豪学长从近来的奋斗经历出发，说道，"大学是一个'小社会'，我们要在其中提升自己以便适应'大社会'发展所需要的能力。其中，人际沟通能力尤为重要，大家今后要面对各种各样的人，良好的沟通能力能让我们的工作事半功倍。此外，希望学弟学妹们做自己的时间管理大师，不要过分沉迷于浪费时间的事情，应多参加活动、竞赛，培养自己的兴趣爱好，在多平台上提升自己的见识，找到自己的价值以及对于未来的理解。"

谈到"工匠精神"时，宫子豪说，就如他的座右铭一样——夫唯不争，天下莫能与之争。他理解为"工匠"应极力提升自己的能力，对自己应该做的事保持热情，从而提升自我修养。虽然与他人竞争也是必要的，但是一直注重和外界的竞争很可能会导致自我心态的变化，从而忘记自己的初心是提升自己，由此很可能会得不偿失。

鱼水之情，育人之恩

2022年恰逢海大110周年校庆，宫子豪也为海大送上祝福，"海大功勋卓著，百年风雨，百年沧桑，百年树人，英才辈出。如今海大110周年校庆，我衷心祝福海大发扬优良传统，秉持"勤朴忠实"校训，为时代培育英才，谱写华丽篇章"。

3. 刘香宁

用心做事，用情做人

刘香宁

女，上海海洋大学 2015 级机械制造设计及其自动化专业本科生，现就职于上海市第十中学。在上海海洋大学就读期间，她曾获得孟庆闻奖学金、国家励志奖学金、人民奖学金，荣获"优秀干事"荣誉称号。

大学期间，刘香宁曾多次参加志愿者活动，并且在上海书展"故事会"杂志社志愿活动中获得"青年优秀志愿者"荣誉称号。刘香宁凭借着自身性格温和、做事有耐心的优势，在学生会任职期间带领团队成员完成了一次又一次的任务。这也为后来参加工作积累了经验。作为一名人民教师，刘香宁更是发挥了自己善于沟通的能力，很好地维持了自己与学生间的关系。

作为一名人民教师，刘香宁认为工匠精神最为重要的是敬业精神，对工作富有热情，并且精益求精。在践行教育工作者职责的过程中，她始终以自己周围的榜样为目标，不断优化自己的教育方法和教学方式，始终秉承不断学习的心态,一直攀升,努力做最好的自己。

刘香宁希望学弟学妹们能够在学校中学好自己的专业知识,多与人沟通交流,多学习各方面的知识,不论是历史、计算机还是文学,不要让自己前进的脚步停下来,用心做事,用情做人。

4. 张晓晨

不忘初心，为民服务

张晓晨

　　男，中共党员，上海海洋大学2010级电气工程及其自动化专业本科生，曾获上海海洋大学人民奖学金。毕业后，在上海市崇明区陈家镇人民政府城镇规划和环境保护办公室工作。

脚踏实地，实事求是

　　大学期间，张晓晨任班级班长，他乐于助人的性格深得老师和同学的赞许。毕业后他在上海市崇明区陈家镇人民政府城镇规划和环境保护办公室工作，主要负责监督城镇规划的落实工作，从而为崇明岛的生态文明建设做出贡献，为人民服务，为人民谋幸福。

琐碎历练，兢兢业业

"从字面意思理解工匠精神，可能就是指匠人匠心，但作为基层公务员来说的话，真正的匠心就是'为人民服务'。像我们，实话实讲在工作中遇到的最大困难，其实就是如何让老百姓感觉到舒心、宽心和放心。我们这边属于动拆迁发展的一个桥头堡，拆迁过程中总会遇到各类矛盾，例如分配不均、环境和就业之间的冲突等等，问题时有发生，有时还会激化。'为人民服务'说起来不难，但做起来其实挺难的，我到现在工作这么多年，也不敢夸口说自己践行得十分到位。"谈及工匠精神，张晓晨是这样回答的，基层公务员要在践行自己初心的同时，不断在琐碎的工作中摸索、历练，总结出更好的工作方法，努力提升人民的满意度。

同海大共成长，愿学子好发展

希望学弟学妹们在校期间能够锻炼一技之长，并以此为中心，发展其他技能，那么到了社会上自然会有自己的立足之处。同时，他也表示，希望学弟学妹们在四年当中能够跟着母校一起成长，将自己真正视为学校、学院发展历程中的一分子。"希望母校能够越来越好，然后工程学院的学弟学妹们将来能够有一个好的发展。"

5. 苏 悦

眼中有光，青春向阳

苏 悦

女，上海海洋大学 2014 级电气工程
及其自动化专业本科生。2018 年毕业
后，她先后在捷腾企业咨询服务有限公
司以及杨浦投促中心工作过，后于 2019
年进入殷行街道办事处开展团组织工
作。在校期间，她多次荣获校内摄影比
赛奖项，工作后曾获杨浦区爱心暑托班
优秀工作人员荣誉。

忆沪城环路 999 号，追青春岁月时光

大学期间，苏悦先后任职工程学院学生会信息传媒部部长并加入校摄
影协会，多次参与校级、院级活动并拍摄记录。

初进校园时，她觉得海大的整个设施都很完备，教学楼和宿舍楼以及报
告厅等场所的地理位置分布合理，学长、学姐、老师、宿管阿姨都很热情。
2016 年，在她大二下学期的时候，学院开展 10 周年院庆晚会，她作为学生会
的一员，全程参与其中，快乐地度过了青春岁月时光。

走出自我舒适圈，看见物外大世界

苏悦认为，"工匠精神"就是精益求精、爱岗敬业、有创造力。

"我一直觉得当人在克服困难之后，再回看当时的问题时也就觉得没有那么困难，当然也可能是我对困难的定义比别人更高一点。"她说："我的性格一直都属于极度内向，能不 social 就不 social，有问题一般不会麻烦别人。但是因为工作性质，一定要和各个层面的人接触，工作的开展也都建立在与别人交流沟通的基础之上，所以只能推着自己走出舒适圈，后来发现只要迈出第一步，其实也就没有那么困难。"

让她最有成就感的事情就是每次活动结束，都能得到大家的正向反馈和认可。比如 2019 年末，进入单位后她便开通自己部门的微信公众号，在每次活动后制作推文进行宣传，还开通 b 站账号，在 2020 年因为疫情无法开展线下活动的时候，采取了线上直播的活动方式，后来我们自己的 b 站账号也经常被别的部门借去开展直播活动；自己部门开展过的活动多次被市、区级媒体报道；2021 年末同时申报区青年岗位建功行动及市、区级基层团组织典型选树，在经历为期一个多月的准备以及答辩后，最终都评选成功。

肺腑言感恩，真情送祝福

希望学弟学妹们好好享受大学时光，多充实自己，珍惜身边的同学、朋友、老师。同时也祝母校 110 周岁生日快乐！希望海大越来越好！工程学院越来越好！培养出越来越多优秀的人才！

6. 黄 山

蜿蜒曲折，破茧成蝶

黄 山

　　男，中共党员，上海海洋大学 2014 级电气工程及其自动化专业本科生，毕业后在上海市长宁分局担任办案民警一职；在校期间，多次参加学生工作并担任社团的社长。

追逐梦想，扬帆起航

　　黄山在知道自己被上海海洋大学录取后，是非常开心与满意的。他认为学校的环境很好，老师非常友善与负责。在校期间，黄山作为社团负责人举办了一场大胃王比赛，现在回想起来，仍觉得那些有趣的情景历历在目。黄山回忆起那些奋力备战考公的日子，感慨母校为大家所创造的良好条件，也正是优秀的校风，促使他完成自己对警察这个职业的追求。

坚守初心，砥砺前行

黄山对于警察这个职业从小就有一份追求与敬仰，他希望为人民、为社会贡献自己的一份绵薄之力，因此在大学毕业之后选择考公。黄山认为，工作与在校期间最大的不同就是作息时间的变化，大学的时间相对而言是比较自由的，而上班后，我们还会面临加班等问题，就需要不断适应。当谈起工匠精神时，黄山这样说道："民警的宗旨是为人民服务，我认为的工匠精神就是在社会中实现自我价值，我的本职工作是打击违法犯罪，尽快地将百姓的损失降到最小。"当聊到此次上海疫情时，黄山感慨万分，他表示自己在此次疫情中坚守一线，从 3 月起就在单位待命，后来作为外派，负责相关酒店的安保工作，直到上海市全面解封后才可以回家与家人团聚。黄山始终牢记自己的职责与使命，不断为人民服务！黄山还被母校抗击疫情时校友们团结一心、众志成城的精神所感动。

越挫越勇，永不言弃

黄山说道："希望学弟学妹们首先要学好专业课，其次做好职业规划，调整好心态，为以后的工作打下基础。还可以积极主动地去参加一些学生工作，培养自己的一种责任心和抗压能力。在当下，因为疫情等，很多行业都不景气，就业压力比较大，我们需要学会为自己排忧解难。除此之外，可以多参加社团活动、社会实践，寻找志同道合的朋友，多上台，多历练，克服自己的惰性，培养自己的胆识，不要浪费美好的青春年华，让自己的大学四年不留遗憾。最后，正值海大 110 周年校庆，我祝愿母校和学院越来越好，祝母校 110 周年生日快乐，我永远以母校为荣！"

7. 丁逸峰

不拘一格

丁逸峰

　　男,上海海洋大学 2011 级工业工程专业本科生,毕业后,在记者行业工作。在校期间,除了完成基本课业的学习外,他还积极参加合唱社团和播音社团,锻炼自己的能力,学习更多知识。

脚踏实地,仰望星空

　　大学期间,丁逸峰积极参加学校合唱社团和播音社团,培养个人的表达能力和写作能力,同时努力学习工业工程相关知识,培养逻辑思维。步入多个领域锻炼自身的他,并没有因为事务繁多而放弃或是止步不前,他积极分配好自己的时间,用高效率面对每一份学习、每一份工作,最终收获了理想的结果。

　　步入社会后,他认真对待工作,态度认真积极,注重创新思维的培养,利用工作之余学习技能,不断提升自我,加强自身核心竞争力。

不拘一格,砥砺前行

丁逸峰说道,令他印象最深刻的老师是张丽珍老师,也是他的毕业设计导师,当时老师带着丁逸峰完成了一整年的毕业设计,毕业设计内容是公交车的人因工程分析,包括用 solidworks 去设计车,画出整辆车的图形,然后把这辆车的很多细节全部画出来,其实刚开始的时候,他很担心不能完成这样一件事情,但是张老师帮助了他很多,一直带着他学习怎么样分析,怎么样去做这个实验,怎么样去设计。通过这一年的学习,他学到了很多知识。

当谈到学生应加强哪些方面的能力培养,才能更好地适应以后的工作时,丁逸峰认为整个本科期间,学习课程是一方面,但更重要的是要掌握学习新知识的方法和能力。本科四年所学的知识对今后从事的工作来讲,仍是很不足的,在今后还是要去不断学习,就像他刚开始从事记者行业,也遇到很多困难与挑战,包括怎么样去写稿子,怎么样去采访新闻,这些都是很未知的全新方向,所以他一直会想方设法地去培养自己学习新知识的能力。

寄语后来人

"我真的很感谢母校培养了我们,然后也祝福母校,希望母校能够为社会培养出更多更优秀的人才。"

8. 姚跃

保持学习,不断进取

姚跃

男,上海海洋大学 2016 级机械工程专业研究生,现于合肥市肥西经济开发区管理委员会工作。

心系海大,造福桑梓

在海大度过的三年美好时光让姚跃至今都十分怀念。在如今的生活、学习和工作中不经意间都会回忆起海大的校园和老师。作为研究生新生初进海大时,姚跃第一感受到的是远,从安徽到上海,再从机场的地铁辗转两小时才来到海大;第二感受到的是美,校园的整体建筑、绿化环境都是焕然一新的,这让姚跃的心情非常愉悦;第三感受到的是亲和,老师们都有着极强的亲和力,在初次与老师的面对面聊天中,能感受到一种十分温和的氛围。也正是因为这些,他毅然决然地选择在海大继续深造学业,也对他未来的研究生生涯充满信心。

师恩难忘,启迪人生

谈到最难忘的老师,姚跃的第一反应是曹守启老师。曹院长不仅在自身领域有着卓越的研究经验,带领姚跃领略了机械工程专业的科研魅力,更是在做人做事各个方面都给他带来了宝贵的启发,也对他未来的工作发展产生了深远的影响。

脚踏实地,久久为功

研究生毕业后,姚跃在自己的家乡发展了三年,积累了一定的工作经验,也对行业的发展有了更清晰的看法,他建议学弟学妹们尽量去选择考研升学的道路,进一步巩固自身的知识体系结构,同时增加与人交往的社会经验以及对社会的认知和行业的了解,这对于未来走上工作岗位有更大的益处,可以帮助我们规避很多弯路。考研的热度也从侧面反映了社会对于学历和学位的认可程度,在这样的大趋势下,拥有硕士学位会让我们选择工作时多一块敲门砖、少一些就业门槛。另外,姚跃在读研的三年中不仅增加了专业课知识和项目经验,更是在这个过程中,接触到很多优秀的老师和同学,他们身上的优秀品质让姚跃受益终身。

微光点点,聚而成炬

姚跃对学弟学妹们的最大希望就是践行"学习"二字。学生的主要精力要放在学习上,同时要谨记身边老师的谆谆教诲和学习同学们的优秀品质,有时间就多待在图书馆。未来是你们的,在未来的三五年乃至二十年,你们将会给社会带来非常大的回报!

对于海大,姚跃说道:"希望我们海大工程学院发展得越来越好,同学们能在自己的学术方面蒸蒸日上!"

9. 丁成林

道阻且长，上下求索

丁成林

男，上海海洋大学 2019 级机械专业研究生，在校期间努力学习，积极进取，现为上海师范大学天华学院人工智能学院专任教师。

大学三年闻琢玉

开始采访时，初入眼帘的就是丁成林微带笑意的脸，"刚来到海大的时候，完全没有想到在这里会遇到这么多值得怀念的事……"回忆起青葱岁月时，丁成林说道："当时教我们机械制造的老师，为人谦和，认真负责，对学生都是视若己出，有问题的时候永远能找到她，她的悉心教导对我的毕业与未来职业规划的帮助特别特别大。"丁成林滔滔不绝，话题又来到了他的学习生活，我们了解到他在海大的四年时光中，遇到了一辈子的朋友，他们志同道合，一起参加了科创竞赛、运动会、辩论赛等活动，"记忆中的青春真的是不褪色的，在社会摸爬滚打的时候，是这些金色的瞬间一直支持着我"。

敬陈管见献恩心

丁成林结合自身这几年的工作经验，描述了他个人对工程学院前景的看法："构建'工业系统认知、传统制造和先进制造实践基本训练、工程综合与创新实践训练'等多层次、多模块、递进式的校内工程实践训练体系，这些是未来高附加值工作的敲门砖，坚持教操结合，做到真正让学生学到无论是之后进入企业或者是进行科研都能派上用处的东西。"丁成林诠释了他内心对母校、对工程学院的希望。拳拳学子心，昭昭示之。

回首岁月，期盼未来

丁成林对我们这些后辈们有着殷切的希望，这其中藏着对母校的浓浓思念。"大学就像是一个'小社会'，在这里你可以感受到生活和学习的意义；大学又像是一个'大社会'，你可以感受到自己和别人的关系如何。大家需要去熟悉人与人之间的交往，多多地去突破自己的舒适圈，去尝试，去体验！"丁成林眼里满是希冀："回看往昔，我已在海大度过了两年宝贵的青春岁月。我有幸能遇见百十岁的她，她的深厚底蕴滋润了我，让我的知识储备得到丰富，让我的品格得到磨炼，让我的眼界得到开阔。在这里，我们能遇见更多可能。正如溪流汇入大海，学弟学妹们进入了海大。祝愿你们也能在这里看到更广褒的世界，在后浪的推动下奔赴属于自己的未来。最后，希望你们不负大学时光，勤朴忠实地走好自己的每一步。"

10. 赵 娟

自律坚持，知行合一

赵 娟

  女，上海海洋大学 2019 级机械工程专业研究生，研究生导师是田中旭，2022 年毕业后至今于上海思博职业技术学院任教，执教机电一体化方向。她在本科期间多次获得"三好学生"称号，也多次获得校级奖学金、国家励志奖学金。曾获 2015 年航模比赛一等奖，2016 年"李斌杯"大赛一等奖。研究生期间的研究方向为图像识别，并在专业期刊上投稿过相关论文并拥有一项发明专利。

从学校进入学校，从学生变成老师

  在进入海大的那一刻，赵娟心中的唯一感受就是到达了一个新的世界，过往的所有包袱都可抛去，在海大这个新环境里可以重塑自己，让自己以一个崭新的姿态迎接未来。而在温馨的家里可能有点柔弱的她，在面对学校高大的建筑时不免有紧张，但在与室友见面之后又庆幸将来的路也有人陪着一起走下去了，她非常渴望在新的环境里快速地成长。

而在科研学习上，赵娟加入了田中旭老师的科研团队里。赵娟分享道，她从选题确定到最后的论文撰写都有严谨、认真的田老师的指点迷津，记忆犹新的一点是田老师在她提交小论文时，针对论文里面的遣词造句、公式格式，或标点符号都有着十分细致的调整指点。田老师既是一位平易朴实的老师，也是一位和蔼可亲的长辈，这种十年如一日的细致和温暖是田老师带给赵娟的最大收获。

而在毕业工作之后，赵娟则是以一名教师的身份步入新的校园，那种由学生转变为老师的本质变化让赵娟面临着很大的挑战。但是赵娟明白，万事开头难，她对于自己所负责的每一门课程都会十分认真地去备课，对于自己不懂的地方还会主动去查阅相关资料来丰富自己的教案，对于自己实践经验的不足会去认真地旁听同专业的老师的课程……这种认真负责的精神或许就是赵娟能更快适应社会节奏的秘诀吧。

发展、机遇、挑战与工匠精神

在学校的发展方面，赵娟有个小小的建议，就是希望学校可以尝试和已经毕业的校友的工作单位进行实习基地的建设，以学校和企业牵头，校友介绍为主，推荐我们海大学子去校友所在的单位实习，提高海大学子的实习质量。赵娟也提及学校可以呼吁毕业的校友为母校做一些贡献，包括捐款、捐助资源、介绍实习岗位等等。

赵娟也向我们展示了在校和工作之间的一些不同。首先是培养目的不同，学校是以培养学生学习知识、丰富自身为主，而企业则是以培养员工服务公司生存和发展的技术能力为主；接着是管理方式不同，在学校可能学生获得的自由会比较多，而且试错成本较低，而在企业里管理就会比较严格，因为一个员工所犯的错误可能会给企业造成巨大的损失；最后是工作的模式不同，在学校我们可能可以单兵作战地去完成一些学业上的任务，而在企业都是采用的团队协作的工作模式。

赵娟也针对学生如何更好地适应社会工作，提出了以下五个必备的能力，一是可以很好地在团队协作里发挥作用的组织力，二是每当遇到问题和挑战都会去认真思考解决对策的思考力，三是主动且有目的地获取知识的学习力，四是锲而不舍地学习和进步的毅力，五是有耐心地与人沟通和对任务负责到底的责任心。这五个能力对我们今后的学习或工作都会有很大的帮助！

赵娟对于工匠精神有着三点思考。一是精益求精，勇于创新，工匠精神对于科技创新、工业进步有着很大的促进作用，对于教师来说弘扬工匠精神要落实到日常的教学里面，比如给学生观看"大国工匠"之类的影片，或是让学生写有关于"工匠精神"的演讲稿来促进学生对于"工匠精神"的认识。二是让"工匠精神"融入学校、企业的氛围里，成为学校、企业精神的内核，也要让"工匠精神"植入教育管理的各个环节，让生产、研发等方面得到很大的提升。三是希望学校和企业能出台一些政策来激励那些能够发挥"工匠精神"的榜样，让他们的事迹得到宣传，或是在学校里面设立相关的奖项来激励那些勇于创新、精益求精的学生，以他们为榜样来激励更多的同学。最后赵娟提道教师又被称为教书匠，人民教师也推崇"工匠精神"：少一些浮躁，多一些持重，少一些投机取巧，多一些脚踏实地，少一些急功近利，多一些专注持久。

像吃自助餐一样多多尝试每一个新的领域

赵娟和我们分享道，我们在大学生活中，就是要和吃自助餐一样，最好的方式不是把自己喜欢的东西吃到饱，而是把握时机把每种美食都尽量尝试一遍。我们要把握青春，多去尝试，不要屏蔽自己的思想而不敢去体验新的事物，要走出舒适圈，这样才能发现自己真正喜欢做的事并在今后的人生路上把它做精做好。赵娟还提道，我们要严于律己，不要沉迷于短时间内就获得快感的事物，而是要保持终身学习的习惯，珍惜时间，好好过好自己的大学时光。

11. 李 晴

阳光灿烂风雨后，笑看苗圃花正开

李 晴

女，中共党员，上海海洋大学2014级海洋工程专业研究生。毕业后，她于上海电机学院商学院担任辅导员。在校期间，她曾获"上海市优秀毕业生"称号、上海市奖学金，多次荣获上海海洋大学"优秀学习标兵""优秀团员""优秀学生干部"等荣誉称号；在校7年来积极参与各类科创赛事，曾获上海科技活动周大学生论文交流大赛一等奖，第十四届上海市陈嘉庚发明奖二等奖等。

永远的母校，永远的记忆

"第一次来海大时就感觉学校非常大，然后就觉得会经常迷路。学校时任校长潘英杰说，要把我们学校打造成拍婚纱照的一个圣地，因为学校景色确实是非常美的。我自己在2018年结婚的时候也回学校拍了一组照片。"李晴回忆道。她毕业后在上海电机学院工作，有时间就会回学校看看，她最想念的是二食堂的石锅拌饭，"我觉得这里的石锅拌饭比任何其他学校或者是我吃过的其他饭店的都要好吃,而且价格非常实惠。石锅拌饭的阿姨也认识我,所以每次她都是非常照顾我"。虽然毕业好几年了,但7年母校生活的记忆永远刻在她心里。

李晴高中在实验班,所以进入大学后她对自己的学习要求一如既往地严格,经常会在自习室学到很晚,她大学4年的课程成绩一直名列前茅。在学校期间,她加入了院学生会的主席记者团,还一直担任辅导员助理,这些经验对她后来从事辅导员工作有很大的帮助。李晴最难忘的事情是她在2017年研究生毕业时作为研究生代表发言,至今还对演讲稿有一些印象,那次演讲对她来说是在海大7年的一个见证和鼓励。"能作为代表发言对我本人来说是非常荣幸和自豪的,同时也要非常感谢海大不管是在学习生活上,还是在思想上对我的帮助和改变,没有学校这些年的培养,我可能也不会那么顺利地找到自己满意的工作。"

精益求精,追求卓越

"我认为对每一个初入职场的同学来说,肯定会遇到各种各样的困难。可能最直接的困难就是我们的经验不足,导致压力很大,但这是必经的一课,因为无论从事任何工作都不可能完全把你在学校期间学到的知识直接转化应用到工作当中。唯有不断地学习,根据工作环境、工作岗位,还有职业背景去学习一些东西,多跟前辈请教,积累经验,才能顺利度过刚入职场时的那段短暂时间。"李晴如是说。

李晴认为在学生时期,不管是本科还是研究生,一定要加强自己的社会实践经验,因为只有深入一线,深入具体的工作中,才会知道社会环境是怎么样的,在企业当中如何与人沟通,如何协作,如何为公司提高业绩。另外,她认为职业生涯规划课程对学生来说有较好的职业启蒙,让学生从刚入学就能够知道自己的职业兴趣,这样学生就会更有针对性地在大学期间去锻炼这方面的能力,从而使我们将来在职场上能够游刃有余,更有竞争力。

毕业生工作应该更注重薪资、行业发展还是个人兴趣,李晴认为不能把它们分开来看,因为这三个方面都是非常重要的,既要考虑自己的物质需求还要满足自己的精神需求。李晴觉得在校和工作的最大不同是身份的转变,她说:"在学校期间,大部分同学还是被动地灌输式学习,当然也会有一些比较积极的同学,他们会在大学期间完成第二学业,或者是去修一些课程,考一些证书,这其实是非常重要的。因为在职场上,没人会逼着你去学习,而我们需要自己化被动为主动,然后主动去吸收,主动去学习,由此才能在工作当中游刃有余。"

近年来,在习近平总书记的重视下,"工匠精神"经常出现我们的视线当中,作为工程学子,我们要弘扬并传承"工匠精神"。李晴认为"工匠精神"是我们工科生在工作中需要一以贯之的。她说道:"精益求精、追求卓越、吃苦耐劳、坚持不懈,是我对于工匠精神的理解,我们一定要不断地去拓展自己的知识边界,更加深入某一个领域当中,然后在这个领域中不断去奉献自己的光和热。"

以爱之名,衷心祝福

对母校的告白,李晴总结为"感谢"二字。2010 年来到了海大,她从一个比较懵懂羞涩的小女生,经过本科 4 年的成长,研究生 3 年的历练,最终锻炼成了一名开朗、自信的老师。"我认为可能'感谢'二字还不足以去表达自己对海大的爱,我更希望以后在自己有能力的时候能够来回报母校对我们的培育,也希望母校的发展越来越好,希望我们工程学院在未来能够拓展更多新的领域,各方面都发展得越来越好。"

12. 江海港

坚定目标，一锤定音

江海港

　　男，中共党员，上海海洋大学 2018
级机械工程专业研究生，在校期间任工
程学院研究生第一党支部纪检委员，曾
获得国家奖学金、国家励志奖学金、"学
习积极分子""优秀共产党员"等多项荣
誉，论文也成功被《中国舰船研究》期刊
收录并发表。目前他就职江苏省连云港
监狱设备维护岗，成为一名光荣的人民
警察。

坚定目标

　　本科期间，江海港任班级团支书，时常利用课余时间为学业困难的学生
答疑解惑，帮助他们通过清考，顺利毕业。他喜欢为班级同学服务的心让其
萌生想要成为一名公务员的想法。他在本科毕业时曾参加江苏省省考并
进入面试，但与此同时他顺利考上了研究生，思虑后决定放弃面试继续读
书。研究生期间，江海港先前埋在心底的"公务员"种子并没有干瘪，而是
一直被滋养。他学习成绩优异，担任支部纪检委员时无私地为支部同志服

务,并以身作则,正是这坚定信念和无私精神让他心底的种子破土而出,茁壮成长。

披荆斩棘

公务员考试竞争性大,为最大限度地降低"陪跑"的可能性,正确的选择很重要。"选择岗位很重要,经历了 1∶400 的国考后,在选择江苏省省考岗位时我十分谨慎,从报考条件(应届生身份)、岗位特点和竞争性等方面考虑,最终选择了警察岗位",江海港回忆时说。

从笔试到政审的整个过程历时近半年,一路走来对江海港的考验巨大,尤其是笔试前的模考,十分考验心态,每次不理想的模考都可能成为压垮他的"最后一根稻草",但他没有让这一幕出现,而是在自己调整后继续出发。普通公务员的考试流程有笔试、面试、体检和考察四个环节,而警察岗位还多了一项体能测试,"我的体格不差,但要确保通过体测也必须下一番苦功夫,好在自己每天坚持早晚锻炼,严格掐表跑步、折返跑,最终通过了体能测试",江海港说道。体能测试后,面试紧随而来,面试环节的准备长达整个寒假,精神集中,心情亢奋,整个假期都没有好好休息,好在最终得到了相应的回报,在说到"拟录用"时,江海港还是难掩心中的喜悦,流露出开心的笑容。这喜悦的背后是江海港毅然决然的选择、脚踏实地的努力、坚韧的毅力和"不达目的不罢休"的劲头,这为当下处在就业季正迷茫的毕业生树立了榜样。

寄语未来

"我们每个人都是社会的一分子,迟早要步入社会,要将自己的青春付诸国家的繁荣发展,只有将自己的理想与祖国的未来联结在一起,才能真正做到无悔青春。希望学弟学妹们面对就业,首先要做好职业规划,准确定位,之后不断汲取科学文化知识,并将理论付诸实践中,不断地提高自己的综合能力;再者作为青年一代,要发扬不怕苦、不怕累的决心和毅力,摒弃"这山望着那山高"或逃避的心态;最后要"打铁还需自身硬",不断地磨炼自己的能力,始终秉持一颗谦虚、谨慎、好学的心,用自己的实际能力为祖国贡献自己的力量。"江海港这样寄语学弟学妹们。

成功绝非一蹴而就,坚定目标并朝着既定的方向不懈奔跑,就不怕不会成功。

行走中的"工匠精神"

第三篇章　求学励志篇

1. 裴 繇

保持乐观，毅往直前

裴 繇

　　女，中共党员，上海海洋大学 2013 级电气工程及其自动化专业本科生，毕业后，她进入上海海事大学物流工程学院研读电气工程硕士学位。研一结束后，前往法国南特大学进行硕士第二年的学习，并取得了法国硕士学位。随后她开始在法国巴黎萨克雷大学攻读电气工程博士学位。

愈战愈勇，确立目标

　　大学期间，裴繇通过学长学姐的分享介绍，以及与老师的交流沟通，开始参与各项科创活动；通过这些活动，她更深刻地理解了专业课的知识，提升了自己的动手实践能力。理论和实践相结合获得的成就感和喜悦，超越了过程中遇到的不易和挫败感，也让她更加了解和喜爱自己的专业，并确定了未来的方向——考研。

了解自我所需,坚定考研之路

"面临毕业,考研、出国留学或者直接就业都是一项选择,但在考研初试结束后的一段实习经历,让我明白了自己想要更好地从事技术行业的工作,为此除了积累经验外,也需要提升自己的学历,开阔自己的眼界,了解其他国家的技术发展。"裴鼹回想起等待初试成绩的那段时间说道。所以在开始研究生生活的一年后,她选择参加了学校的交流项目,前往法国进行第二年的硕士学习。在南特大学的电气实验室进行了 5 个月的实习后,她坚定了自己想要继续攻读博士学位的决心,因此有幸可以在巴黎萨克雷大学继续攻读博士学位。国内外的各种差异、疫情,以及科研上的挫折没有使她气馁,她依然坚定自己的选择,并为此而努力着。

练就过硬本领,从容做出选择

"希望学弟学妹们首先要学好专业课,练就一身好本领,这样不管未来做什么,都可以有底气且从容;其次是要规划好未来的目标,留学、考研或直接就业都是一个选择,留学、考研都只是为了更好地就业,一旦确定好目标,就要为此努力努力再努力;最后希望大家在当下都能保持积极乐观的心态,不要因为遇到的一些挫折而放弃。"

2．王振业

峥嵘岁月，学无止境

王振业

　　男,上海海洋大学 2015 级电气工程及其自动化专业本科生。在校学习期间因优异的学习成绩及大量参加科创项目比赛而最终成功取得在上海大学攻读硕士研究生的机会,并于 2022 年获得重庆大学博士研究生录取通知书。

忆峥嵘岁月,感德师益友

　　"最让我印象深刻的老师是我们当时的导师刘老师,刘老师给我们提供了很好的学科竞赛的环境及资源。"王振业回想起他在本科期间代表学校参加了很多的学科竞赛,并且斩获了很多国家级、省级的奖项,也正因为如此,才有机会到上海大学攻读硕士研究生。"当时我们为智能车竞赛一起熬夜奋战,分工合作,最后看到小车跑起来的时候,我们高兴极了!"在校期间最令人难忘的总是和伙伴挑灯夜战,一门心思为了同一个目标而挥洒汗水的时候!

深入了解,乐此不疲,学无止境

"我原以为电气是一个比较传统的行业,但现在我觉得它是一个新型的、非常有活力的专业。"王振业告诉我们:随着人工智能、新型能源,还有半导体的发展,电气专业已经衍生出了很多新的研究方向,像智能光伏电动汽车,新型半导体的设计及应用等等。"所以无论是到社会上工作,还是继续深造,都有很大的发挥空间。当然,目前我打算在读完博士之后再继续深造一下。"王振业不止一次说道,感觉自己在电气方面掌握的知识还不够丰富,学习是没有尽头的,我们应该不断地追求新的知识。

传学习之经验,送桃李满门之祝福

作为一名工科生,王振业提出了要培养两种重要的基础能力:一个是沟通能力,还有一个是综合能力。"对于工科学生来讲,我们大部分的工作需要自己动手去实现,我们可以把一些天马行空的想法变成现实,但很多工作是需要团队合作的,那么有效的沟通,就可以让我们的团队合作变得更加高效,从而避免由于信息不对称而导致的一系列错误。在这两种能力的基础上,我们才能够更高效地进行创新。"是的,扎实的学习基础是推动创新的最有利条件,而良好的沟通能力和合作精神能够更高效地创造新的世界。

"祝福海大越来越好,桃李满门,英才辈出!"

3. 徐大清

实践出真知，努力创奇迹

徐大清

男，上海海洋大学 2015 级电气工程及其自动化专业本科生。目前在电子科技大学读研究生二年级。

汗水铸青春

徐大清与我们学校的感情很深。在刚进入学校时，鸟语花香的操场和绿化建设，以及错落有致的教学楼令徐大清兴奋不已，他对蒸蒸日上的海大和未来四年的生活充满了期待。在大学四年的生活中，霍海波老师对学生的认真负责，李路平老师的悉心教导均让徐大清受益匪浅。

在学校中，让他印象比较深刻的就是与同学们一起做科研项目，之后再一起参加各种比赛，参加答辩，他平时的兴趣是看国际创新创业大赛，后来也加入其中，在华东赛区参加答辩，在与同学们共同奋斗的过程中，他们不断加深了感情，也诠释了青春的含义。

实践出真知

徐大清的经历比较特殊，他既参加过工作，现在又是在读研究生，因为他在毕业且工作一年后再继续考的研究生，刚毕业时去了欧盟上海有限公司，在这其中，他发现许多要学的东西跟书本里面不太一样，这让他对整体的电气行业理解得更加深刻。

他认为，一个学校的工科氛围是非常重要的，所以，学校与企业的合作十分必要。学生们经常参加一些校企合作的项目，可以更好地对电气专业、制造专业、测控专业，以及当前的行业有深刻的认知。他发现，很多大学生四年学下来之后，对自己未来的工作方向还是感到很迷茫，如果能多增加校企合作环节，在课程上，多让同学们动手实践，会有助于他们了解当前行业的发展。希望学校可以进行资源对接，保障学生们就业，增强学生们实战的能力和经验。

真情贺海大

恰逢海大110周年，首先他祝福海大，希望海大以后的发展能够越来越好，然后非常感激海大这四年的培育，使得徐大清有了质的飞跃，人生观、价值观和世界观得到了提升和改变，他在努力奋斗的过程中，还结识了许多好朋友，也希望学弟学妹们也可以借助海大这个平台，不负时光，给自己一份满意的答卷。在这次疫情中，徐大清也十分关心母校，对于母校齐心协力抗击疫情，各位老师的辛苦付出和各位同学的积极配合也表示感动，他表示，海大始终是学生们温暖的家，始终把学生放在第一位。希望海大能够涌现出更多的校友，大家一起回馈海大，为海大的建设尽一份力。

4. 朱钜宝

木铎之心，素履之往

朱钜宝

  男,上海海洋大学 2017 级电气工程及其自动化专业本科生,在校期间曾多次获得上海海洋大学人民奖学金,并获得"优秀学生"和"上海市优秀毕业生"等荣誉称号。自大二进入实验室以来,全身心投入科创竞赛中,曾获得第八届上海大学生机械工程创新大赛一等奖、第十届蓝桥杯上海赛区单片机设计与开发大学组二等奖、第十三届 iCAN 国际创新创业大赛上海浙江赛区选拔赛二等奖。目前在上海理工大学光电学院继续深造。

为目标背上行囊

  出于对工科的热爱和对自己更高的追求,朱钜宝在入校第一天便确定了自己的目标——考研,考研的想法一出现,便不可动摇。朱钜宝凭着对个人目标和理想的追求,不断磨炼心性,汲取知识,他充分上好每一堂课,让知识量储备丰富;他用好每一次操作练习过程,使解决问题能力变得卓越;同时，他把课余时间用来补充理论知识，为自己迈进科创大门打好扎实的理论基础，这些踏实的脚步让他在之后的众多科创赛事中取得佳绩。"科创就是燃烧青春，用汗水和热血谱写无悔的过程。"科创之路使他对"科研"理解得更透彻，使他的考研目标更坚定。

为梦想插上翅膀

朱钜宝大一时曾参加过上海理工大学的插班生入学考试，虽然没有成功，但对于这所学校的钟爱没有消减，在考研报名时依然选择了它，并在明确目标后全力备战。准备插班生考试时养成的良好作息习惯，在这时发挥出至关重要的作用，规律、有效的复习让他在整个备考期间都事半功倍。在短短4个月期间，他完成了包括数模电在内的六门课程的全面复习，刷了成百上千道习题，且在此期间，他克服了诸多考研路上的魔障，以整个大学最佳状态投入考研中，最终以超分数线五十多分的优异成绩通过了初试。

复试期间，朱钜宝同学没有丝毫懈怠，自初试结束后的两个月时间里以最饱满的精神状态复习，尽己所能，争取做到各个知识点"滴水不漏"，成功总是眷顾有准备的人，长达半年的付出终以一张上海理工大学的"录取通知书"画上圆满的句号。

寄语未来

"在大学期间，我们要完善自己的每一面，要敢为己之所爱去奉献一切，付诸所有，也许倾尽一切的背后是失败，是不堪，是难以承受的痛，但正如那句话所说'但行好事莫问前程'，我们终究会如钻石一样，被打磨后变得更加闪亮。成功的路上没有什么捷径，有的只有一步步或深或浅的脚印和用汗水、坚持不懈堆积起来的进步阶梯。每一次成功都离不开个人的付出和积累。青春的意义就在于我们始终充满热血，用奋斗谱写最值得铭记的回忆。"朱钜宝说道。凡心所向，素履以往，生如逆旅，一苇以航，只要坚定地往心之所向前行，每一步脚印都会开出花。

5. 翟晓东

一分付出　一分回报

翟晓东

　　男,上海海洋大学 2010 级电气工程及其自动化专业本科生,2014 年本科毕业后留本校就读硕士,2017 年硕士毕业后在同济大学读博士。

七年海大,不负韶华

　　大学期间,翟晓东任学习委员,在学习上积极帮助同学,会在考试周带领同学一起学习,帮助同学解决难题。本科毕业之后他选择了在本校继续攻读研究生。"从本科生到研究生,最青春的 7 年时光都献给了海大。"

从普遍到唯一,从基础上精进

　　"研究生与本科生最大的区别在于本科是广泛学习、打基础的过程,而研究生则专攻本专业的某一前沿技术。"翟晓东提道,"相比本科生来说,研究生所学的知识更加专业,从本科生到研究生需要具备发现问题和解决问题的能力、沟通能力和团队合作能力,学会发现问题,然后运用专业知识高效地解决问题是关键。"

勤勤恳恳为"工",兢兢业业为"匠"

"希望在校的学生能够珍惜时光,提升自己适应各种环境的能力,最好能有一技之长。不过作为学生,最根本的还是以学习为主,且一定要认真对待专业知识。每个学生都有自己的特点、爱好,结合自己的兴趣学习才会有更好的提高。"

6. 陶晟宇

脚踏实地，持之以恒

陶晟宇

　　男,上海海洋大学 2015 级电气工程及其自动化专业本科生,本科期间以优异的学习成绩保送复旦大学攻读硕士研究生,现于清华大学读博士。硕士期间的研究方向是新能源领域控制和优化,读博期间的研究方向是基于数据科学的新能源领域的控制和优化。在本科期间,他曾获"优秀学生干部""优秀团员""优秀学生标兵"等荣誉称号,获得过国家奖学金、朱元鼎奖学金、盂庆闻奖学

金,多次获得上海海洋大学人民奖学金一等奖,曾代表海大参加第十九届国际工业博览会(CIIF),荣获 iCAN 国际创新创业大赛全国总决赛二等奖,全国大学生数学建模竞赛上海赛区二等奖。

求学故事

　　陶晟宇回忆道,初到海大,发现这里位置相对较偏,风很大。有意思的是,那时候学生们有种无声的默契,下雨天不打伞,因为打伞的话,经不起风

的质量检验,所以基本上大家会选择穿雨衣。忆起海大趣事,海大的风最先出现在陶晟宇的记忆中。

谈起母校,陶晟宇觉得"勤朴忠实"四个字给他留下了深刻的印象。他解释道,"勤"即为勤奋,无论是在学习岗位上还是在工作岗位上,想要做得比别人好,那勤奋绝对是最重要的,我们都听过像达·芬奇、米开朗琪罗等名人的一些故事,他们无疑是勤奋的代表。"朴"便指质朴,对于当下年轻人来说,保持质朴的一种态度,陶晟宇认为是非常可贵的。我们现在拥有丰富的资源,繁多的知识,这导致很多机会变得唾手可得,但这些机会对于我们的父辈、祖辈而言,可能需要用尽一生去追求,因此我们是不是能够在面对世界上形形色色的机会和考验时保持自己最为质朴的想法,变得尤为重要。"忠"也是极其关键的,在陶晟宇看来,作为学生,要忠于自己;作为儿女,要忠于家庭;作为伴侣,要忠于爱人;作为中国人,要忠于自己国家。海大为在校学生创造了很好的环境与氛围,陶晟宇希望学弟学妹们能够在不断实践的过程中对"忠"字有更深入的体会。"实"为务实,无论是从小一起玩到大的朋友,还是本科期间的同学,他们当中有很多人已经进入了产业界,开始创造实际的价值。而陶晟宇选择了继续攻读博士学位,在新能源领域深造。他提道,自己也许不能像步入工作领域的同学们一样即刻创造出价值,但他力求在研究的过程中能够为产业实践加油助力,因此在求真务实方面对自己提出要求。

工匠精神

陶晟宇在采访中表达了自己对于工匠精神的理解:把简单的事情做好,把复杂的事情重复做。从科研领域的角度来说,工匠精神是做好手中的每一个科研项目,将它精雕细琢,为实际的生产应用带去价值与意义。

在问及从海大升学至复旦的过程中是否遇到过困难以及如何克服时,陶晟宇提到了一个词——审视,我们需要对自身所处的位置有清晰的判断与认识。陶晟宇在本科期间保持着非常优异的学习成绩,具备了本专业保研的基本条件,但研究生院校对于保研学生的考察不仅仅聚焦于成绩,尽管获得高绩点(3.95),但陶晟宇在与优秀学校学生竞争的过程中不具备任何优势。陶晟宇清楚地认识到了这一点，并没有因此而气馁，他相信"越努力，越幸运"，在没有被推荐的情况下，他选择了一位硕士生导师并与之保持了两三个月的联系，最终，他的导师看到了他的真诚与坚持，为他留下了宝贵的研究生名额。

从陶晟宇的升学经历中，我们看到了坚持不懈的可贵及其重要意义，这也是我们能从身边人的故事中学到的工匠精神。

校友寄语

"作为一名本科生，学习是这个世界上最幸福的事情了，因为学习是有标准答案的。当你进入社会时，你就会发现没有标准答案了。"陶晟宇这样寄语学弟学妹们。人生难免有大风大雨，大起大落，但是要得之淡然，失之泰然，不以物喜，不以己悲，要淡然处世，无论怎样，拍拍灰尘，一往无前，坚定地走接下来的道路。

7. 梁博

上下求索，一朝破茧终成蝶

梁博

男，上海海洋大学 2015 级机械设计制造及其自动化专业本科生，现于西安电子科技大学计算机科学与技术学院攻读硕士学位。梁博在校期间始终秉持"勤朴忠实"的校训，学习成绩名列前茅，在课下积极主动参与科研项目，多次获得国家级、市级科创奖项。

励志笃学，不断超越

梁博在入学伊始就定下了坚定的目标，大一开始充分利用学校的各种学习资源，刻苦学习，武装自己。在图书馆的自修室、学院的实验室，始终能够看到梁博的身影。正是这份勤勉造就了梁博名列前茅的学习成绩和熟稔的专业知识，促成了梁博在参加各类科创比赛时的游刃有余，也为梁博在此后获得各种比赛奖项奠定了基础。

苦心孤诣,终有遗憾

梁博在本科前三年综合绩点成绩排名第二,多次获得科创比赛奖项,本应具备保研资格,但是,因为四级成绩与合格成绩相差两分而与推免资格失之交臂。梁博对此告诫海大学弟学妹们,"如果学弟学妹入学开始就有保研的想法,一定要仔细了解我们工程学院的相关保研政策,针对自己的不足项目,有针对性地进行弥补,我的遗憾希望不要在学弟学妹身上复现"。

遗憾没有获得保研资格后,梁博选择了考研,与一般人不同的是,他根据个人的兴趣选择跨考计算机。跨考的道路注定是孤独且艰难的,在这条路上没有同伴的相互支持,面对计算机这个竞争大、知识多的学科,要比计算机专业的考生多付出数倍的努力。虽然在跨考这条路上梁博已经有了充分的心理准备并且做了大量的练习,然而不宽裕的准备时间和繁杂的考点还是导致梁博当年的考研折戟沉沙。在经历了保研、考研的失败后,梁博没有放弃,他又一次踏上奋斗的路程。

上下求索,破茧成蝶

在选择"二战"的这一年里,梁博认真分析了自我情况,结合地域、考研专业难度、学校研究层次等因素慎重选择了目标院校。在这一年中,他抓住一切提高个人效率的机会,即使是发烧生病也咬牙坚持,不曾懈怠。正是这份坚韧与求索,梁博终于在2020年成功上岸西安电子科技大学计算机专业。

2015年梁博来到海大,这是他梦想起航的地方,2020年,梁博从海大出发,踏上一段新的旅程。从本科到研究生,这一路,梁博在海大上下求索,最终实现了自己的目标。

8. 杨露

道阻且长，上下求索

杨 露

　　女，上海海洋大学2014级机械设计制造及其自动化专业本科生，在校期间努力学习，积极进取。现于华中科技大学攻读博士学位。

与君初相识，犹如故人归

　　"我入学海大的时候是第一次来到南方，当时是9月，学校到处弥漫着桂花香，给我留下的印象比较深刻，学校的小路特别多，因为不知道它是四处互通的，所以经常在学校里迷路。"回忆起青葱岁月时，杨露说道，"教我们机械制造的沈洁老师，为人谦和，上课非常有趣，师生互动也比较多。无论学生遇到什么困难，他都会第一时间帮忙解决。他对我也细心照顾和耐心教导"。

时穷节乃现，一一垂丹青

依旧在学海中拼搏的杨露学姐在提及自己当时的学习时，露出了一丝疲惫。"当时时间完全不够用，但同时又有三方面的压力，小学期实习、毕业、考研这三座大山同时压过来。但为了完成自己的目标，付出了自己最大的努力，现在回头看都是宝贵的经历。"

回首海大情，拳拳感恩心

在谈到对母校的建议时，她又回到了初见时的热情，甚至更加激动："工程学院应该多注重专业方面的知识，在教学的基础上，为工程学院的学生搭建一个有设备支持的平台。鼓励学生去实践去探索，激发他们更多的灵感，保障创新思维的延续。还需要紧靠国家发展大方向，跟着政策走，来制定我们学生的培养规划。比如说更注重培养学生在智能制造方面的能力。"从这寥寥数语中，不难看出杨露对学弟学妹、对海大的拳拳之心。

共话未来，真诚寄语

"好好珍惜大学里纯粹的时光，多尝试些新的东西，无论是科创还是参加比赛，或是多拓展自己的兴趣，清楚自己以后真正想要做什么，然后好好学习。学弟学妹们还要好好玩耍，该玩的时候要好好玩，然后好好学习。"杨露这样寄语学弟学妹们。"回过头来发现时间过得好快，自己入学的时候才刚过 100 周年，转眼间就是 110 周年了，回忆中还是发现在大学有很多事情没来得及去做。读书的时光是一生中最美好的时光，在这么活力四射的年纪，身边也有那么多活力四射的人，一定要享受当下，好好学习，多多尝试，好好玩耍。为了自己无悔的未来，努力拼搏。"

9. 陆春祥

在衰落遗失的边缘坚守，
在快捷功利的繁荣里坚持

陆春祥

男,上海海洋大学 2016 级机械设计制造及其自动化专业本科生,目前于上海大学机械工程专业攻读研究生。曾获第七届"上图杯"计算机二维图形绘制竞赛团体一等奖、第八届"上图杯"创新设计竞赛一等奖、第四届"汇创青春"产品设计类三等奖等众多奖项,荣获 2020 年"上海市优秀毕业生"称号。

初入海大:教学相长　师生一家

"海大给他印象最深的是校园环境优美,到处充满人文气息。当然,在学校经历的第一场暴风雨也让我印象深刻。"

"令我印象最深刻的老师是毛文武老师,毛文武老师是我大一期间工程制图课程的老师,他对待这门课程非常严谨,任何细小的错误都会认真指

正,这点十分值得自己学习,我也十分敬佩毛老师精益求精的精神。他是我的良师益友,大学期间给予我很多帮助,我也随毛老师参加了很多市级比赛,收获良多。非常感谢毛老师的精心教导。"

"说到在学校里令我最难忘的,那一定是大三暑假去湖北十堰实习,当时前往东风汽车厂进行为期两周的实习参观。一开始还想着去那么远的地方会很煎熬,但实际上很开心。既可以学到很多实践知识,也可以和同学们增进感情。白天参观工厂,晚上下馆子,大家都非常充实地度过了实习日子。"

工匠精神:追求极致 专业专注

"'工匠'是技艺精湛的人。工匠精神,就是追求极致的精神,并且专业、专注。我认为,一个拥有工匠精神的人,首先非常热爱这份技艺,并想把它不断完善,做到最好。即使到目前,我仍然觉得工匠精神很少见,就从接触到的项目或产品来说,能体现出工匠精神的事情真的太少了,如今,很多项目偏向于功利性质,而真正优秀的项目需要时间打磨,需要有工匠精神的人不断地坚持,但往往各种现实因素并不利于工匠精神的传承。所以我希望大家可以将工匠精神铭记于心,无论何时,都值得学习工匠精神,它是一种面对茫茫生涯的坚韧不拔,是生命力源源不断的根基。"

寄语校友:多看多学 精己所长

"说到考研,我的经历比较特殊,我是保研的,但是我也有考研复习一段时间,因为当时并不确定自己能够保研。我的建议就是各位学弟学妹们在有竞赛的情况下,可以多参加,因为学校还是比较看重竞赛成绩的,然后除此之外,也要好好学习,因为绩点也是非常重要的指标。这两个方面相辅相成,如果都比较优秀就可以争取到一个保研名额。我们宿舍有两个保研,一个考研,最终大家都成功上岸了。现在考研的形势确实非常严峻,所以我希望那些在考研路上的学弟学妹们要坚持到底,我相信能坚持到最后的人,成功的概率是非常大的。"

"学弟学妹们可以通过多自学、多实习来积累知识和社会经验,因为对于大多数工科学生来说,本科学习的知识还是很宽泛浅显的,对于自己感兴趣的东西,就可以自学深挖,虽然以后不一定全用得上,但等要用的时候不能没有,同时自学技能是非常重要的,希望学弟学妹们多多打开自己的眼界,多看多学,精己所长。"

10. 陈泽华

徐徐前行,直至山巅

陈泽华

男,上海海洋大学 2016 级机械设计制造及其自动化专业本科生,现就读于华东理工大学机械工程专业。本科期间学习优秀,因此获得了华东理工大学保研资格,还参与了包括蓝桥杯、电子设计大赛等一系列大学生科创比赛并获得了很不错的成绩。

攻坚克难,共同进步

本科期间,陈泽华担任过机械设计制造及其自动化专业党支部副书记。他始终怀着一颗感恩的心,到现在仍怀念着毛文武老师在机械制图方面对于他的教导以及刘雨青老师在电子设计方面的谆谆教诲。在大二,他加入了刘雨青老师的实验室,认识到了许许多多志同道合的小伙伴们,他们一同攻坚克难、共同进步。

在 2017 年,担任工程学院事务中心助理的陈泽华策划了"我的大学梦起航"的宣讲会,邀请众多学长学姐分享学习、生活、科创经验,他也从中收获到了很多宝贵的经验,也让他最终实现了保研。

虽然已经本科毕业了,但是陈泽华仍然关注着海大。在抗击疫情的关键时期,他组织发起了捐赠活动,联络各个地方的海大学子为海大捐赠医疗物资。

困难既是挑战亦是机遇

在研究生期间让他印象比较深的是研一的夏天。由于学长的毕业,他接手了一个比较棘手的项目。这个项目在推进的过程中遇到很多问题难以解决。由于刚接手这个项目,陈泽华和他的团队需要在几个月的时间内不断地熟悉它,然后解决各种各样的问题,并对接各个方面。在验收的前一个晚上,他们遇到了一个难题,前前后后忙碌了几个小时,一直到凌晨两点多才最终解决了那个问题,确保了验收过程的顺利进行。几个月的时间,他们团队从最初的不懂到后面的有序推进,最终得以结题成功,这些都离不开他们在这几个月的辛勤付出。陈泽华说:"面对这样一个项目,大家遇到很多困难,虽然很忙碌、很辛苦。但最终回味起来,发现这段经历是真的让人难以忘记。"

愿疾风前行,归来仍是少年

"首先,大家要根据自己的兴趣做规划,不管是考研还是工作,一定要在感兴趣的基础上把你的专业特长发挥到极致。举个例子,我是机制专业的,但我后来发现自己对机械电子方面更加感兴趣,于是我就在课外花了很多时间去了解这方面的一些专业知识。其次,要加强主动沟通的能力。我希望大家在大学的时候就多培养一下沟通能力。不要等到别人来找你再沟通,而是要多去主动沟通,这个对后面的人生发展是有好处的。最后,实践也是比较重要的。在大学更多学到的是课本上的一些知识或者是老师教给你的知识,但是这些知识怎么用到实践当中呢?在实践当中遇到问题怎么解决呢?我感觉大家对这方面能力也要多锻炼一下。比如说你可以通过多参加一些比赛或项目来锻炼自己的实践能力和解决问题的能力。这不管是对后面读研还是参加工作都有很大的帮助。"

11. 陈倩

咬定青山不放松

陈倩

　　女,中共党员,上海海洋大学2016级机械制造设计及其自动化专业本科生,学习成绩优异,成功推免保研,现就读于上海大学。在本科期间,她曾获上海海洋大学"党员工作站优秀学生干部""优秀学生""优秀学生标兵""优秀团员",以及"上海市优秀毕业生"荣誉称号,曾多次获上海海洋大学人民奖学金,单项奖学金;大学四年来积极参与各类科创赛事,曾获2017年上海海洋大学"百年知行路·青春海洋行"暑期社会实践大赛二等奖、上海海洋大学"纪念长征胜利80周年"主题征文大赛三等奖、2018年"汇创青春"上海大学生文化创意作品展示活动产品设计类三等奖、2019年全国三维数字化创新大赛二等奖、2019年上海市三维数字化创新大赛特等奖、2019年上海市大学生电子设计竞赛三等奖、2019年上海市机械工程创新大赛一等奖、2019年华东赛区大学生智能车竞赛优胜奖、2019年"汇创青春"上海大学生文化创意作品展示活动产品设计类三等奖、2019年"汇创青春"上海大学生文化创意作品展示活动"互联网+文化创意类"二等奖。

坚定目标,成功保研

大学期间,陈倩任班级学习委员,主动发挥学习模范作用,积极带头学习,热情地帮助同学们答疑解惑,遇到困难会积极带领同学找老师解决疑惑。课余时间,热爱参加科创比赛,当她遇见不会的领域,会一边主动学习,补充知识,一边加强动手实践能力,通过不懈的努力最终在各项大赛中斩获佳绩,科创的经历让她更加确定了未来的目标,通过努力学习,参加科创,最终成功保研。

不畏困难,迎难而上

谈到工匠精神,陈倩认为对于机械专业来说,就是要拥有进取的创新精神和严谨的科学素养,未来的很多时候都需要我们发挥严谨、创新、肯钻研的精神。在准备机械创新大赛时,她从无到有进行一个售卖机的制作,由于时间紧,难度大,当时通宵待在实验室,解决面临的各种问题。在参加船模动力艇的比赛时,由于比赛需要,她克服了知识储备不足的问题,自学了单片机的知识,最终成功将所学知识运用到了比赛中。在参加三维数字化创新大赛时,她除了要做结构设计外,还需要进行结构分析,为此,她凭借着肯钻研的精神,通过自学学习了solidworks里的结构分析,最终获得了不错的成绩。无论是在学习还是在工作中,工匠精神都是一直伴随着我们的。

回首海大,寄语学子

希望学弟学妹们首先学好专业知识,然后在学习和比赛过程中不要有畏难的精神,要通过多阅读,与老师和同学探讨问题,从而解决问题。另外,希望大家能多锻炼自己的实践能力,学会将所学知识成功运用到一些项目或者课题中来,这样对以后的考研或者工作面试都有很大的帮助。

适逢海大110周年校庆,在此祝海大生日快乐!正如图书馆外那块石碑所言,要始终坚持把论文写在世界的大洋大海和祖国的江河湖泊上,希望海大能越来越好!

12. 李佳佳

努力学习,夯实基础

李佳佳

　　男,上海海洋大学 2012 级机械工程专业本科生,曾担任班级班长一职,本科期间因成绩优异保送至上海海洋大学读研,现于上海交通大学攻读博士学位。

相约海大,绽放未来

　　李佳佳回想起自己对海大的第一印象就是校园景色特别优美,图书馆、教学楼等建筑设施的风格十分优雅,这让李佳佳感觉自己来到的并不是大学,而是一个风景区。

　　大学生活中令他印象最为深刻的便是学校的百年校庆,李佳佳作为一名志愿者,忙碌了近 4 个月,其中包括舞台的搭建、节目的排演、到场嘉宾的接待等各种活动,李佳佳都有参与,校庆当晚烟花放了近半个小时,现场人山人海,灿烂的烟花与拥挤的人群给他留下了深刻的印象。

当谈到印象最为深刻的老师时,李佳佳毫不迟疑地说是他的研究生导师刘雨青老师。从本科的时候,他就和刘雨青老师一起做项目,参加各类创新竞赛,也拿了许许多多的奖,这也使得他最后成功保研至海大。除了在刘老师的帮助下收获了累累硕果外,让他更为印象深刻的是刘老师在生活上对他的照顾,他们时常在课下讨论问题,也在各种竞赛中并肩战斗,直至今日他们还保持着联系。

融会贯通,致力研究

李佳佳所学的专业是计算机科学与技术,现在研究的领域是医学影像,即通过 AI 的方式协助医生去预测一些疾病,从而更加准确高效地帮助病人治疗。李佳佳目前主要研究胰腺癌、结肠癌与糖尿病的预测,将 AI 技术运用到医学领域是其最终的理想。

"大学虽然不如高中辛苦,但是我们不能一味地放纵自我,我们的身份依旧是学生,学习是我们的责任,我们在学习的同时也要培养一些兴趣爱好,这样可以有效地缓解我们的学习压力。最后,我们要经常锻炼身体,一个好的身体是我们将来成功的基础,希望学弟学妹们将来都可以取得令自己满意的成就。"李佳佳这样寄语学弟学妹们。

在学习方面,他建议学弟学妹多学一些跨专业跨领域的知识,通过丰富知识面来更好地适应复杂的工作学习环境。然后要培养一种解决问题的思路,从多个学科、多个角度思考问题。同时要提升自己的团队合作能力,学会与他人协作共同解决问题。

对于海大,这个承载着他太多青春美好记忆的地方,李佳佳也是有许多话想要说:"在海大的七年,我度过了十分快乐的时光,感谢海大带给我的美好回忆,我很感恩这片土地,感恩海大。最后,希望海大越来越好,景色越来越美,师资力量越来越强,祝福海大永铸辉煌!"

13. 袁欣伟

敢于定目标、勇于追目标，
这个世界永远属于追梦的人

袁欣伟

男,上海海洋大学 2014 级机械设计制造及其自动化专业本科生,毕业后,他进入日本东北大学金属材料研究所原子力学材料工学研究部门攻读硕士,硕士毕业后,他继续深造,目前博士在读。他曾获上海海洋大学"优秀学生""优秀学生干部""优秀团干部"荣誉称号,曾多次获上海海洋大学人民奖学金和孟庆闻奖学金,他曾是 2018 年上海市优秀毕业生;大学四年来积极参与各类科创赛事,

曾获上海市第五届"上图杯"先进成图大赛机制二维绘图类团体一等奖和上海海洋大学先进成图大赛一等奖、二等奖。

探微观世界之奥秘,揭自然造物之神奇

大学期间,袁欣伟落落大方的态度和平易近人的性格深得同学和老师

的喜爱,他同时在工程学院团委(学生组织)任学生负责人,参与审核团员推优、处理团组织关系转接等工作,期间也担任物工、工业专业兼职辅导员,丰富多彩的学生活动和事务烦冗的学生工作充实了他的大学生活。大三时,他因保研加分和顺利就业而接触科创,但自从做科创后,他才发现科研带给他的成就感、满足感和愉悦感是前所未有的,他对发现问题、探索问题、解决问题很感兴趣,他渴望"探微观世界之奥秘,揭自然造物之神奇"。他曾参加过"一种水族箱运输过程中的监控装置""智能公共雨具租赁系统的研究设计"等多个科创项目,科创的经历让他确定了未来目标——学术研究。

行探索之路,可延长足界

毕业后,袁欣伟准备参加工作,面对到手的 offer,他发现工资不能让他肩负生活的重担,职业生涯一眼望到头,思来想去还是决定读书深造,当时由于错失申请保研机会和考虑到国内考研压力,于是选择去日本留学读研。日本留学期间,袁欣伟发现,在国内,研究生在导师给定的课题下,跟着导师一步一步去做,而在国外,导师只会告诉学生有可能性的几条路,学生需要自己去读文献、去探索、去操作,从而得到结果和原理,然后根据自己的想法推进研究。同时对于实验学科,在国内不能保证每个学生都有足够的时间动手操作实验设备,而在国外学生可以自己预约时间去操作。经过几年的学术研究,他认为在前人已有的成就上拓宽知识边界,哪怕是一点点,都能体现自己存在的价值。把一件事情做好做细,不仅是为了对得起自己的付出,也是对职业道德的基本遵守。

志存高远,念念不忘,躬身实践,必有回响

"对于本科的学弟学妹,最重要的是确定自己的目标以及如何去实现目标。对于读研的学弟学妹,如果首要目标是就业,一定要知道自己研究的方向是否有实用价值,能否为企业带来利益。"袁欣伟这样建议学弟学妹们。人要知道自己要什么、要知道怎么样去得到它,然后努力去做,这正是所谓的:志存高远,念念不忘,躬身实践,必有回响。

14. 李 煜

未来虽迷茫，我愿携坚强勇敢去闯

李 煜

　　男，上海海洋大学 2020 级物流工程专业本科生，目前在日本筑波大学攻读研究生，研究方向为组合优化方面。在海大学求学期间积极参加校院活动、志愿者活动及学生社团和学生会等组织。

踏梦精彩之旅，青春蓄势待发

　　大学期间，李煜积极参加志愿者活动，他乐观开朗、积极向上，有着良好的团队协作精神和责任心，同时在学生会文体部任职，期间参与了多项学生活动的举办。初入母校，他觉得海大是这样的广阔，风景更是赏心悦目，令人心旷神怡；迎接他的学长和学姐很是热情，也非常有耐心地帮助他，这也是他后来加入学生会和参加志愿活动的初衷，他也想成为可以为他人提供帮助的人。

母校令李煜印象深刻的老师有很多,对他来说,在这四年时间里遇到的所有老师都很好,其中他的专业导师李俊涛老师的运筹学课就特别有意思,他会将一些自身经历作为案例,就像讲故事一样,很有代入感,以至于他自己目前正继续针对该方向进行研究学习。

在学校有件让李煜非常难忘的事情,他说当时他们班有开展双旦晚会等班会活动,其中有一次由班里的团支书牵头,大家一起为他庆祝生日,这让他十分感动。

虽然毕业了,李煜也经常关注学校的动态,包括疫情期间,虽然很艰苦,但他也看到学校在有序地组织和管理,学生也很配合。并且他也为学校贡献了一点心意,李煜说:"我始终记得海大带给我的一切,因此我也会保持一颗感恩的心。"

"想"要壮志凌云,"干"要脚踏实地

毕业后,李煜选择继续深造,前往日本筑波大学读研究生。李煜也分享了自己对学校和学院的建议:"临港是一个好地方,我希望学校能越来越强大,不仅在水产专业上成为'双一流',我也希望咱们工程学院,特别是物流工程也能成为一流学科。"李煜认为本科和读研的区别是读研时更加需要独立自主地去学习,而且研究生也需要将大学期间培养的一些技能更好地运用在各个方面。李煜谈起工匠精神,他分享了三个词——敬业、创新、专注。李煜觉得最有成就的一件事就是在一个全是外国人的团队中逐渐成长,并取得了很多成果。其中,最大的困难可能是沟通技能,无论是学校还是企业都会很重视小组讨论,作为一个团队的成员如何发挥自身作用,为团队做出有效贡献是十分重要的。

对命运承诺,对承诺负责

"我希望学弟学妹们能够珍惜大学的时光,趁年轻,多拼搏。学校提供了很多的机会,一定要去体验和尝试,这些经历对你们日后的人生都是很有帮助的。"李煜传授了宝贵的经验给我们,他认为首先是自学能力,今后会遇

到很多困难,第一步还是需要自己去解决;其次是沟通能力,一个好的社交圈很重要;最后是实践能力,可以多参加一些活动,包括志愿者活动、学生会活动等等,在奉献的同时也是一次成长的机会,要多走出去,不要把宝贵的青春浪费在寝室里。

李煜告白海大:"是海大成就了现在的我,在我心中始终有海大的一个位置。"

15. 刘莹莹

未来可期

刘莹莹

女,上海海洋大学 2017 级工业工程专业本科生,目前就读于上海海事大学物流工程与管理专业。

积极主动,提升价值

大学期间,她积极参与社会实习,步入社会后,态度认真积极,注重创新思维的培养,利用工作之余学习新技能,不断提升自我,加强自身核心竞争力。

一点一滴,稳步前行

谈到本学科专业学生应该具备哪些能力时,她说:"首先我觉得大家一定要有自我管理的意识,因为时间是非常宝贵的,无论你是去深造还是去就业,都会发现自身的能力与你的需要还是有一些差距的。在读本科的时候,我就一直会想方设法地去培养自己学习新知识的能力,这个能力在工作当中是很必要的。其次自我表达的能力也非常重要,因为我的第一份工作是在上海学而思做一名专职老师,作为老师的话,你既要面对你的同事,还要面对学生和学生家长,那我们面对大家讲话的时候需要做到不怯场,从容淡定地讲出我们要表达的内容。作为工科学生,不仅需要提高自己的动手能力,也要提高表达能力,多多参与学校的各项活动,我觉得这是大学生一定要掌握的几项非常重要的技能。"

寄语后来人

"其实在海大四年,光阴荏苒,过得非常快,尤其是疫情之后,也没有好好地在学校里去享受校园时光,所以一直很感恩海大给了我宝贵的学习机会,对我细心照顾,也非常感谢各位老师对我们的无私奉献以及耐心的指教!现在一眨眼就到母校110周年校庆,真的很感谢母校把我们培养出来。在未来我也会与海大一起努力!祝愿海大110周年生日快乐!也衷心希望海大的未来能够更加辉煌,未来也有越来越多的人才从海洋出发,秉持着我们'勤朴忠实'的校训,成为祖国的建设者,为祖国的建设增光添彩!"

16. 张许

把握时间，不断尝试

张许

　　男，中共党员，上海海洋大学 2012 级物流工程专业本科生，毕业后，他在英国华威大学就读物流与供应链管理硕士。他曾获上海海洋大学"优秀共产党员""优秀团委学生书记"，以及"上海市优秀毕业生"荣誉称号，曾多次获上海海洋大学人民奖学金。

热爱至上，责任驱使

　　他从 2018 年就职于上汽大众至今，负责生产准备项目管理，他热爱汽车产品，对汽车市场有较强的好奇心与探索心，拥有优秀的职业背景，负责管理企业核心车型的所有相关事宜，有丰富的项目管理经验，十分熟悉管理流程。他合作能力强，思维敏捷，能准确把握项目组各成员的特性并完成组织协调。他责任心强，善于思考并解决问题，热爱工作。在公司曾获得"优秀党员""物流之星"荣誉称号。

拒绝"躺平"，不懈努力

在采访中，张许提及此次的疫情，"疫情对我们生产企业有很大的影响。首先因为疫情封了几个月，这几个月来整个车厂能不能工作主要与其他配套厂是否复工有紧密的联系，比如上汽大众的供应商差不多有四五百家。这四五百家在疫情期间肯定或多或少会受到影响，对于这些工厂的复工复产情况，我们都需要紧密地去排摸，包括1500多个整车零件，可能出自两三百家供应商，如果这两三百家供应商因为疫情的影响都不能够按时复工，那么肯定会对我们造成影响。针对这一情况，我们会首先考虑没有复工的供应商的困难点到底在什么地方，我们是否可以帮助他们去解决部分问题。其次我们要及时地去反馈问题，跟其他部门去协调，然后想一些对应措施，比如说用一些替代件来替代。类似的这些问题都是我们在疫情当下需要考虑和克服的问题。"无论疫情期间有多少困难，张许以及团队成员首先想到的不是躺平，而是如何通过其他途径去解决问题，这种不懈奋斗的精神正是当代青年所需要的。

回首大学青春，寄语未来学子

"你们其实是很优秀的，从年龄方面的话肯定是比我们更加有竞争力。隔行如隔山，所以不能说教会你们什么，我只能说是把你们看成自己以后的一个对手而共勉。""如果能让我年轻个七八岁，再回到学校的话，我可能会把计算机知识还有语言知识再去巩固一下，因为到了工作中你会发现这两方面对于我们之后的工作有很大的帮助，如果语言方面能够有一些亮点的话，就能够在工作上解决很多问题。"张许这样寄语学弟学妹们。人生没有回头路，我们一定要把握好大学生活，为将来的自己打下厚实的基础。

17. 杨梦珍

把握青春黄金期，坚定未来航向舵

杨梦珍

女，中共党员，上海海洋大学 2016 级物流工程专业本科生，目前在北京交通大学读研深造。在本科期间，她曾多次获得上海海洋大学人民奖学金，"优秀团员""社会工作积极分子"等荣誉称号，并多次参加志愿活动。

初始海大于一时，成为海大人一生

2016 年刚入学时，"碧水蓝天、青砖白墙、宏伟磅礴"是杨梦珍对海大的最初印象。大学期间，她遇到了诸多负责任的良师，也结识了许多益友，其中令她影响比较深的是吕超老师，时常帮助她规划职业发展，提供考研指导。杨梦珍在大一至大二期间还积极参加学校组织的各项活动，在学院团委、党站等各部门工作，为学院的发展尽心尽责。此外，杨梦珍还积极参加各项科创竞赛，并获得佳绩。科创竞赛的实践经验为她积累了宝贵的课外知识与经验。

坚定向未来，圆梦北交大

"往事暗陈不可追，来日之路光明灿烂。过去的事情已经过去了，没有办法改变，但是未来的生活依旧在我们手中，可以自己把握。"这是杨梦珍对自己的第一个要求。她说道，其实有的事情在当时看来完成不了，但是坚持下来其实也不难。她告诉我们要有敢于直面困难的勇气和能够解决困难的决心。杨梦珍自决定报考北京交通大学后便一直坚定目标，认真巩固知识点，努力备考，最终成功上岸。

在北京交通大学的学习生活中，杨梦珍从身边的老师和同学身上学到了很多，其中"守时守信，及时反馈，积极主动，跟上步伐"这 16 个字成为她的座右铭并以此来要求自己。她说道，首先做人做事一定要有时间观念，有信用可言，这是做人的最基本道德；其次在学习上有问题要及时与老师和同学说，寻求老师和同学的帮助，此外，如果有人交代你帮他办事，事情办完后也要给别人回个消息，这也是一种礼貌；再次在学习上讲究主动探究而非被动接受，一定要去积极主动地和老师交流，及时反馈进展和问题，这样老师才能更好地给你提供帮助；最后就是不能只顾着埋头苦干，也要适时地看看身边同学的进度情况，发现自己落后了就一定要加油追赶，争做领头羊而非落后生。

回首海大，寄语学子

希望学弟学妹们首先要做好自我管理，主动营造良好的学习氛围，减少待在寝室的时间，多去图书馆"充电"，去实验室、教室学习看书；其次要积极主动地交流，有问题多交流，寻找解决方法和好的灵感；最后要积极锻炼身体，一个强健的身体对学习和科研至关重要，一方面能增强体质，保持较好的身体状态，另一方面也能减轻学习压力，娱乐心情。

杨梦珍说道，很有幸人生中最珍贵的这段黄金时间是在海大度过的，海大见证了她最美的青春时光，她也很荣幸能成为海大的一名学生，并且将见证海大成立 110 周年的光辉时刻。希望海大继续蓬勃发展，培养出更多优秀人才为国家建设贡献力量！

18. 郑砚

在海大培养独立精神

郑砚

女,上海海洋大学 2020 级物流工程专业本科生,目前在北京交通大学物流工程与管理专业攻读硕士学位。

在恩师陪伴下与海大共成长

谈到对海大的第一印象,郑砚回忆起自己刚进入大学的时候,在报到那天,父母将她送到校门口并告诉她:"接下来的路就要靠你自己走了。"从那以后,郑砚独立自主的性格在大学四年生活中被逐渐培养了起来,海大的科研楼、风雨球场和湖上的白天鹅都成为她成长的见证者。在大学四年间,海大见证了她的成长,她也见证了海大自搬迁到临港之后的逐渐自强,成为"双一流"建设高校。郑砚特别感谢自己的毕业论文指导老师吕超,吕超老师在郑砚大四期间对她的学业起到了非常大的帮助,在吕超老师孜孜不倦的指导下,郑砚的毕业论文完成得非常优秀。在学业之外,吕超老师也对她的生活指导良多,让她在毕业季不再迷茫,即使在毕业后,吕超老师仍然与她保持交流,对她起到了非常大的帮助,对她来说是拥有优秀师德师风的人生导师。

找准方向是成功的秘诀

郑砚在回忆自己的考研经历时,首先提到的一点是要做好规划。"无论是考研还是出国,在做决定之前都要做好规划,在选择时要结合目标与自身的匹配程度,争取达到事半功倍的效果。"郑砚在毕业时,面临着工作和考研的选择问题,在工作三个月之后,最终还是下定决心全力备战考研,最终只复习了三个月就成功上岸。当时的她面临着自己所报考的专业科目修改的情况,经过慎重的调查与分析,再结合自身情况选择了报考物流工程与管理专业硕士,大大地减轻了自己的备考压力,为日后成功上岸打下了基础。

郑砚提到研究生最重要的特质就是要独立自主,在研究生阶段每个人的研究方向都有所不同,没人能像本科时那样与你结伴而行,所以成为一名合格的研究生一定要能够吃得了苦,耐得住寂寞。除此之外,想要成为优秀的研究生还要具备出色的信息检索能力,随时关注研究领域的最新进展,不能两耳不闻窗外事,一心只读圣贤书。最后,研究生还要具备一套方法论,有了方法论才知道如何去寻找解决的方法,从而解决问题。

紧跟时代潮流,全面发展才能成功

郑砚对学弟学妹们有这样的寄语:"希望学弟学妹们可以多多实习,在大学期间多思考自己未来的发展方向,并为之努力。在假期尽量要多学习,沉下心来在实践中学习新知识,不要单纯地为了钱而去做重复劳动的工作。同时要坚持自主学习,不能仅仅因为老师教什么自己就学什么,我们目前生活在一个技术大爆炸的时代,在学习新课程的时候要去探索课程背后的新技术,并且要有快速学习和快速领悟的能力。"对于工程学院的学弟学妹们,郑砚希望同学们不仅仅在技术上保持学习的态度,还可以拓展自己多方面的能力,比如演讲能力、展示能力,保持优秀的同时能够展现出自己的优秀,这样才能够在社会上获得更好的发展。

19. 赵顺康

不勤于始,方悔于终

赵顺康

男,中共党员,上海海洋大学 2017
级工业工程专业本科生,毕业后成功推
免至重庆大学机械工程专业读研。他曾
获上海海洋大学"优秀学生标兵""优秀
团员干部"荣誉称号,曾多次获上海海洋
大学人民奖学金;大学四年来积极参与
各类科创赛事,曾获第十二届 iCAN 创
业创业大赛上海浙江赛区一等奖,2019
年上海市大学生创业决策仿真大赛二等
奖,"汇创青春"上海大学生文化创意作

品展示活动产品设计类三等奖,并申请实用专利、外观专利若干。研
究生专业是机械工程(工业工程方向)。

不忘初心忆海大

大学期间,赵顺康任工程团委科创管理部部长,他乐于助人的性格深得
同学和老师的赞许,回顾第一次进入大学,那是五年之前,"感觉时间如白驹
过隙,记得 2017 年 9 月 2 日我是全院第一个报到的,一晃就如在昨天一般。

那时候我跟父亲还有爷爷第一次到上海,海大说实话真的很偏,但是我觉得偏有偏的好处,比如远离喧嚣,一眼望去可以看到很美的晚霞,能感受到舒适、凉爽的海风,相比重庆天天40度的闷热天气简直是人间天堂。我很想念海大的校园时光,更想念海大的老师和同学,他们是我人生中宝贵的回忆!我的本科导师是陈成明老师,当时老师给我们的第一眼印象是很有亲切感,他不是一个处处都管着我们的人,他需要我们有想法,有积极上进的心,他也总是会尽心尽力地帮助我们。我和陈老师一直都有联系,特别是前段时间上海疫情,我了解到陈老师第一时间就报名了学校的志愿者,我还看到咱们工程学院专门出了关于"铁臂阿明"的推送,当时看到便眼前一亮,真的很敬佩陈老师!"

自主学习抓当下

"海大的培养模式一直影响着我,我觉得海大很重视学生人格的培养和学生的自主管理,我在读研时一直受益于此。研究生更加需要自主学习,从本科到研究生,我给自己的信条是'坚持不懈'这四个字,它一直推动着我向更远的目标迈进,也算是我在前进路上的'工匠精神'的体现,另外,给大家提个小建议,无论做什么,一定要做好自我定位,做好定位之后,你只管去做就可以了,不要在乎错与对,因为你现在没有办法判定错与对,只有走到最后才知道,就算你最后发现自己失败了,但回头来看已经收获了很多。"

心系母校寄情深

"希望学弟学妹们能够谨记三个词:自信、自主、慎独。对于母校就是想说非常感谢母校,她是我人生的第一站,也是最重要的一站,未来我一定会回去好好再看看海大。"

20. 闫明慧

坚持自我，勇于突破

闫明慧

　　女，上海海洋大学 2018 级工业工程本科生。在校期间，曾于大一大二担任工程学院团委办公室部长。现就读于复旦大学新闻学院。

回首海大，风景明媚

　　闫明慧对于学校的初印象，便是学校环境优美，有湖泊，有绿树，春天满是"数树新开翠影齐"之感。闫明慧是北方人，初见海大便深深喜欢上了这儿的一草一木，这里是学习的好地方！闫明慧表示学校可以一直按照自身的特色继续发展下去。对于学院的发展，她觉得需要多注意一下品德教育，同时要培养学生的专注度和坚持不懈的能力，对于考研不要准备到一半就放弃了，一定要相信守得云开见月明。

坚持自我，勇于突破

闫明慧认为在她的考研之路上最大的困难就是自身的心理障碍。在跨考专业时可能会产生诸多的想法，而且想法总是多变，一会儿觉得自己可以考得上，一会儿又觉得自己考不上，这些让自己犹豫不决的想法成为比较大的阻碍，必须要强迫自己勇敢地面对这些想法并且努力减少这些顾虑。此外，现在是互联网时代，我们在备考的过程中会看到、接收到许多外界的信息，难免会产生更多的焦虑与想法，这是我们备考途中的一个焦虑源。所以我们必须调整好心态，坚定自己"一定考得上"的信念，告诉自己绝对不能半途而废，不能枉对自己已经付出的时间与精力，哪怕去考场写完试卷，也是对自己最好的回报。另外正确地面对在互联网上所看到的信息，不能盲目地相信，要理智地区分对错。总而言之，一定要相信自己，坚定信念，消除自己的心理障碍。

饮水思源，深情寄语

首先是对学弟学妹们，闫明慧希望大家坚持自我，选择考研的同学一定能进入自己想要进入的学校，选择就业的同学一定能拿到自己心仪的 offer。

对于学校的话，闫明慧说，海大有自己的特色，有适合自己的发展，希望疫情早点过去，学校能够恢复正常的教学秩序，同时希望能参加 11 月的 110周年校庆，最后祝愿海大能越来越好。

21. 陈凌轩

无穷星空是我不懈的追求

陈凌轩

男,上海海洋大学 2018 级电气工程及其自动化专业本科生,中共党员,曾任共青团上海海洋大学第二届委员会委员,共青团上海海洋大学工程学院委员会学生负责人。曾获上海海洋大学朱元鼎奖学金、侯朝海奖学金,多次获得人民奖学金一等奖和"先进个人"荣誉称号。曾获国际级奖项 1 项、国家级奖项 7 项、省部级奖项 9 项,在 2021ESAT 国际会议上发表论文并被 EI 收录,公开发明专利及授权实用新型专利多项。目前就读于华南理工大学。

"为同学们服务"是一种崇高的追求

陈凌轩同学进入大学以来,先后担任工程学生会外联部干事、工程学生会外联部部长,并在大三担任工程团委学生负责人一职。

记得在 2020 年秋季学期献血活动中,陈凌轩在献血工作中全程仔细监督,由于自身也报名了无偿献血,抽血后即使身体极度虚弱依然没有停下工作。面对部分完成献血却没能如数领到物资的同学们的各种困惑,陈凌轩在电话中耐心回答,或发短信详细回复,确保每一名参与无偿献血的工程学子能够如数领到相应物资。在献血完毕躺在休息区时,他一边用左手按压右手手臂止血,一边请同学手持电话贴在他的耳边方便与负责老师沟通协调,一旁的护士这样说道:刚献完血就开始工作,这也太忙了。在陈凌轩的沟通协调下,全院参与无偿献血的同学均如数领到相应补贴物资。

陈凌轩始终将"为同学们服务"作为自己的最高追求:多次参与新生宣讲活动,介绍自己的大学经历;积极推动"青年说"板块改革创新,引导广大工程学子树立正确的价值观;致力于带动学院科创事业再上一层楼,努力带动周边同学热爱科创、从事科创,收获成长。

陈凌轩说道:"真正的成长永远不是一个人的进步,而是一个人真正懂得了如何为周围的人服务,如何帮助周围的人变得更好。"陈凌轩积极投身社会实践,在学校内担任过志愿者数十次;在全国抗击新冠疫情期间,陈凌轩毅然参与社区工作;还在课外担任过2021年世界人工智能大会志愿者。

"为科研事业献身"是青春的一抹亮色

"我开始做科创的时间太晚了,你们千万不要像我一样,做科创要趁早",这是陈凌轩在新生宣讲时与同学们分享的心声。陈凌轩参与一项国家级大学生创新创业训练计划项目并主持一项市级大学生创新创业训练计划项目。然而科创的进行并非一帆风顺,他在多次比赛中铩羽而归。失败没有让他丧失对科创的热爱,他找到了一条"以成果为导向,在过程中锻炼"的独特科创之路,将研究成果以专利、论文的形式发布,他结合自身写作上的优势,在2021ESAT国际会议上及《水产养殖》等期刊上发表学术论文。在进行科创的同时,陈凌轩没有落下自己的成绩,以3.77的绩点位居专业前列。他说,面对科创这条路,他有着"虽千万人吾往矣"的决心和勇气,必将在科创的康庄大道上,踩下属于自己的一个又一个脚印。

"为党的事业奋斗"是一份沉甸甸的责任

陈凌轩自进入大学起便坚定了加入中国共产党的想法。在班级中第一个递交入党申请书，并成为班上第一批发展对象、预备党员。在大学生涯中，陈凌轩先后参与"校级青马工程培训班""习近平新时代中国特色社会主义思想宣讲团"进行深入的理论学习。"既然加入了中国共产党，就要牢记自己的初心和使命"，在支部中，陈凌轩能很好地完成党组织交代的任务，撰写材料，积极发言，参与活动。

"恰同学少年，风华正茂"，这个时代和社会，需要更多"到党和人民需要的地方去"的年轻人。陈凌轩常说，自己为能服务党组织而感到无比骄傲和自豪。他也希望自己的这份精神能够感染身边的更多人向党组织靠拢，为祖国建设和中华民族伟大复兴事业贡献自己的青春力量。

行走中的
匠工精
神

第四篇章

访谈感想篇

1

研究生第一党支部团队　何睿杰

何睿杰

男,中共党员,上海海洋大学 2021
级机械专业硕士研究生,现任校研究生
会执行主席、工程学院研究生第一党支
部副书记、团支部书记。曾获第十三届
中国青年志愿者优秀个人奖、2021 年度
中国电信奖学金·飞 Young 奖、上海高
校"百名学生党员标兵"、2021 上海大学
生年度人物入围奖、上海学校共青团主
题微团课大赛一等奖、研究生一等学业
奖学金 1 次、校三好学生、校十佳好人好
事、校优秀团员干部等荣誉。

　　2022 年,是个极其特殊的年份。上半年,冬奥会在北京胜利举办,我们
迎来了共青团的 100 岁生日;下半年,我们迎来党的二十大和上海海洋大学
110 周年校庆。为迎接 110 周年校庆,工程学院举办了"行走中的工匠精神"
主题教育访谈活动。

　　早在 2021 年寒假前夕,学院便开始筹划校庆专项活动,并安排校友访谈
工作事宜。在学院的策划下,由我负责拍摄和剪辑了面向工程学院校友的
春节祝福视频。在学院领导的关怀下,以及项目指导老师丁国栋书记的帮

助下,我们见证了访谈团队的不断壮大,从一开始仅我们研究生第一党支部的数十人,到学院横跨本硕的多个学生党支部的几十人,从0到1的过程中,最难的是从计划到落实,而人数上的增多和同志们的坚定让我们有了坚持下去的动力和勇气。

在访谈前,我们做了充分的工作预案,设想了很多突发状况,也对访谈提问方式进行了精心设计。我采访的是电气专业2018届毕业生目前在殷行街道办事处做共青团工作的苏悦学姐。苏学姐工作很忙,我和她预约了两次时间,但是因为学姐忙于疫情防控工作,来不及接受采访。在和苏学姐的接触中,我发现苏学姐是一个对待生活很乐观、对待工作很认真的人。在采访中,苏学姐带我回顾了工程学院十周年院庆晚会时的场景,也是这次晚会让她有一种新征程启航的感觉。虽然毕业后,并没有从事与工程相关的工作,但是师姐说"不管从事什么工作,贵在精专",凡是蜻蜓点水者,往往不能通达成功,与此同时,要注重工作中的积累,积跬步以至千里,读有字之书的同时,也要多读无字之书。诚然,读书与工作是两种截然不同的状态,学姐表示工作后的容错率会降低,在校园里会有老师、同学包容你的错误,但是工作后并不会有任何人可以一直容忍你的错误,而由此带来的后果还需要由自己去承担。在工作中,我们都会遇到很多困难,学姐原本性格很内向,但是工作的原因,又不得不和很多人去接触,在工作开展的过程中也免不了沟通交流,只有推着自己走出舒适圈,迈出关键的第一步,你才会发现克服挫折其实并不难。

在整个项目中,作为团队的学生负责人,我收获很多,也进一步深化了对学校110周年校庆的情感认同和身份归属。最后,祝福海大110周岁生日快乐,祝老师们身体健康、工作顺利、生活愉快!

2

研究生第一党支部团队　李根沛

李根沛

男,入党积极分子,上海海洋大学 2021 级机械专业硕士研究生,现任 2021 级研究生 2 班副班长;曾获 2021—2022 学年二等学业奖学金、2021—2022 学年校优秀团员、2021—2022 学年校三好学生。

采访,是为了了解他们的生活事迹,从而帮助我们树立人生目标。听到他们的生活经历与取得的成就,我们都深有体会与启迪。虽然采访的过程会遇到困难和许多不解,但还是乐此不疲。以前看过许多关于访谈的节目,我知道我们需要的不是采访本身而是从这个过程中所学到的东西。下面我就从几个方面来谈谈所获得的感受。

团队,就是最大的后盾

这次采访是以团队的形式开展,很高兴我们拥有一个好队长,办事能力强,使我们不至于成为一群无头翁;还有队友的亲历合作,使这一切也变得轻松些许。的确,无论是现在还是将来,人与人之间的信任与合作都是最重要的。

没有技巧,努力就对了

优秀校友与我们之间的谈话进行得很顺利,我们的到来也激起他们对大学时代的追忆,以及对青年时代美好的赞誉。我发现,无论人到多大年龄,那段校园时光都是大家最珍贵最让人恋怀的记忆。所以,就在我们还没有走过的时候,就要懂得珍惜,选择无悔。记得在谈论的过程中,有校友和我们说,其实要想取得成就没有任何技巧,只能在有限的能力中选择无倦的努力奋斗。在我们成长的过程中,总是期望以最小的努力达到一定的高度。可这样浪费头脑莫不如脚踏实地地奋斗一番。

心胸宽大气自显

上大学后,我们会面对形形色色的人,也会面对更多的强手。我们可能会妒才,可能会愤懑,也可能会难过。但我觉得既然我们来到这个世界,以什么样的身份出现都是你具有的最大财富。少抱怨,少嫉妒,少低沉。虽不需要把一切都看淡,但也要做到坦荡,不要把自己搞得过于功利化。大度看人看事,天下自然欢乐永随。虽不奢求绅士风采,却也可以花中独秀。

总结

放下心,心无旁骛地做最真实的自己。人生的成功就在于每一天都在进步,就算一小步,也有新高度。未来的路很长,事情很多,人也很杂。但不管怎样,只有按自己的心意走好每一段路程,就是莫大的幸事。访谈结束了,但留在心底的感叹依然不息。

3

研究生第一党支部团队 陈陆雅

陈陆雅

　　女,中共党员,上海海洋大学2021级电子信息专业硕士研究生。曾获学校三等奖学金以及学校志愿者证书。

　　在研一的暑假中学校给我们布置了一项特殊的作业,就是职业生涯人物访谈,我觉得这是一项非常有意义的作业,因为校友不仅可以让我们预知我们将来所处的行业如何发展,还可以使我们进一步地接触社会,感受社会的竞争压力。

　　杜星学姐作为一名优秀的校友,曾获上海海洋大学"优秀毕业生""优秀团员干部""社会工作积极分子"等荣誉称号,获得元鼎学院"优秀学生"称号,还获得元鼎学院奖学金,并多次获上海海洋大学人民奖学金。这些奖项见证了杜星学姐的优秀,也激励着我们要努力学习,不断进步,向学姐学习,这样才不辜负学校的培养。同时通过这次与学姐的交流,我也从学姐身上学到了很多。

要重视和精通自己的专业知识

根据学姐找工作的经验,我们也许难以找到自己很喜欢的工作,但是为了生存,我们不能只看自己喜欢,而是需要找到一份自己不讨厌的工作,这并不意味着就可以放弃学业,只看最后的结果。首先我们要充分利用在校学习时间,不断夯实我们的专业基础知识和提高自己的专业技能,要肯去学、肯去钻、肯去精益求精。并且我们要勤动手,多多培养动手能力,广泛涉猎各方面报刊书籍,关注行业动态,确定自己的研究方向,提高自己的综合业务素质和专业竞争实力等,不断拓展自己的优势和成功渠道。其次我们在学习本专业的课程外,也可以去别的专业学习课程,发掘自己感兴趣的领域,为以后找工作做铺垫。

要确定目标,初心不改

学姐说,在她上大学的第一天,她的高数老师就说过:"如果你想让你的大学生活跟别人不一样,那么从第一天起你就要过得和别人不一样。"人不能在追求轻松愉快的同时要求自己获得非凡的成就。所以想好自己的大学目标是什么,无论是想成为社团活动佼佼者、创业蓝图开拓者还是学术高峰攀登者,都需要在前期付出大量的时间与精力。确定好目标后,不能三天打鱼两天晒网,确定目标容易,坚持下去很难,但是坚持到最后肯定会看到最美好的风光。

学姐说,读万卷书不如行万里路,读书固然重要,但是更要注重实践。在学习专业课的时候,很多数据都非常抽象,有的实验不能只看书本上的描述,更要自己去操作一遍,这样才能确切地知道自己哪里不足,哪些方面需要加强学习。此外在工作中,我们不光要知道这个知识点,还要知道如何将这个知识点应用到实际问题中。这些都需要我们脚踏实地,一步一个脚印地实践,只是纸上谈兵永远不可能取得成功。

要积极培养自己的独立意识、独立决策和执行的能力

有很多的同学不习惯独立,不论是吃饭还是学习总希望有个朋友陪着自己,有时朋友不去学习,自己便也不去。学姐跟我们说,自从大一自己确定了考研的目标后,便经常孤身一人在图书馆学习,虽然会感觉孤独,但是从不后悔,正是这份独立,学姐考上了上海交通大学的研究生,变成了一位优秀的人。所以我们更应该要独立,一个人如果一直依附着别人,那么他就一点用处都没有,在父母的庇佑下长大的花朵注定无法绽放绚丽的光芒。

结束了和学姐的访谈,自己真的明白了很多,不只是在学习上,更是在以后的工作上。相信我们的未来都会很美好。

4

研究生第一党支部团队　李进

李　进

　　男,中共党员,上海海洋大学2021级电子信息专业硕士研究生,曾获国家励志奖学金、中国研究生电子设计竞赛"东北赛区三等奖"、校三等学业奖学金等。

　　在收到采访阮春燕学姐事迹的任务后,我的内心是慌张的,因为这是我第一次做采访校友的任务,同时也担心学姐会不会因为工作忙等而拒绝我的采访,但是在联系到学姐并与学姐交谈我的目的之后,学姐表现得很亲和,让我心里感到很温暖,之前的恐慌也就烟消云散了。在与学姐的交谈中,透过她的学生生涯和工作经历,我对未来和人生有了更多的思考。

　　阮春燕学姐是上海海洋大学2012级电气工程及其自动化专业本科生,毕业后,就职于施耐德电气(中国)有限公司上海研发中心。目前从事电气设备测试工作。聊起母校,学姐的眼中是闪着光的。她告诉我她入校的时候,学校是刚刚搬入的临港,校园给她的第一感觉就是一切都是新的,好多地方还在施工,感觉一切都是朝气蓬勃的样子,那时候的她觉得人生就应该像这校园一样,充满活力。她告诉我们,大学的四年是短暂而又美好的,在这里你可以收获知识、友情、爱情等许许多多让你受益终身的事,我是很赞同学姐的话的,因为我也是从大学四年走过来的,白驹过隙,时光转瞬即逝,青春的舞台就要展现青春的活力。

在与学姐的交谈中,最让我感受深刻的是学姐对于工匠精神的理解。用一句话总结就是一种咬定青山不放松的精神。在访谈中她说道,自己在工作之后经常会遇到各种各样的难题,这些难题不是像学生时代做的题一样最终会有答案,而是即使你努力了,最终的结果也不一定会有,甚至是坏的。这种时候,她会产生动摇,但转念一想,如果这样就放弃了,岂不是半途而废了,所以很多事情咬咬牙,坚持到底,最终都取得了不错的成绩。在我看来,有人说人生就是一场马拉松,其精神内核就是坚持、不放弃,对于任何事,我们都要有一种"工匠精神",一种持之以恒的态度,只有这样,才能在纷杂的社会中,不忘初心,砥砺前行。

虽然采访学姐的时间不长,但通过短短一个多小时的谈话,我感觉就像和学姐面对面一样,收获颇丰。也很感谢学姐在百忙之中抽出时间来和我交流。这次采访对我们来说,更是一种学习,学姐幽默而深刻的语言,睿智而开明的观点,深深地影响着我。

也许,在人生的十字路口,会茫然不知所措,面对选择不知何去何从;也许,年少轻狂,无所畏惧,不懂得珍惜与把握;也许,没有经验地一路狂奔,会走很多弯路。在经历过起起落落、风风雨雨后,才会恍然醒悟,原来自己要的是那么简单。人生的成功就在于每一天都在进步,就算一小步,也有新高度。

5

研究生第一党支部团队　刘君丽

刘君丽

　　女,中共党员,上海海洋大学 2021 级电子信息专业硕士研究生,现任工程学院 2021 级研究生 1 班宣传委员;曾获安徽省优秀毕业生称号,研究生期间获得 2021—2022 年度三好学生称号、校二等奖学金。

　　恰逢海大建校 110 周年,很荣幸能够在假期里接到采访校友的任务,不仅有优秀的在读研究生学长学姐,还有各个行业的企业精英为我们传授经验。

　　他们都曾反复叮嘱,在大学期间一定不要空下来,要不断地学习、工作,以提高自己的文化知识和社会经验。在学习上不要单单地只注重本专业所涉及的几门课,更要在自己喜欢的其他专业上也有所突破。此外要从学习中不断地思考,只有不断思考才能学到自己所需要的知识,只有思考才能领悟出其中的道理,因为"实践是检验真理的唯一标准"。汤健锋校友就反复强调过,一定要懂得珍惜学校生活:"要努力学习,该学习的时候一定要刻苦学习,该玩的时候一定要尽情地玩,大学是人生中最轻松、最有活力、最活泼、最美好的时光。但是在大学四年中,千万不要做让自己后悔的事情,千万不要荒废自己的时光,在大三的时候,一定要对自己未来有一个清晰的规划,提前做好部署,上课时老师说的重点一定要记住,说不定以后在工作中可能会遇到。"

在当下处于研究生阶段的我们,也会对自己从没接触过的研究方向感到茫然,无从下手,对知识匮乏不自信,对研究方向不确定。同样有过这样烦恼的梁博师兄鼓励我们,要大胆向前,不要害怕,挑战越大,惊喜也会越大,要多与导师交流沟通,学习是学生的天职,学习就像马拉松赛跑一样,贵在坚持和耐久,要迎难而上,越挫越勇。

我想,在任何时候都需要保持一颗学习的心,要拥有积极乐观的心态,认真学习,掌握好本领,珍惜每一次机会,向着自己的梦想奋斗,要相信自己,相信每一分努力都会有所收获。

人生就像一颗行走的树,漫漫人生,慢慢生长。所行之路皆有坎坷与曲折,所到之处皆有山花与烂漫。向阳而生的青年,在面对选择时也会茫然不知所措,年少时不经风雨的我们勇敢而大无畏,也会莽莽撞撞一路狂奔,也会不懂得珍惜与把握。当踏入没有硝烟的战场时,永远要怀有一颗敬畏和学习的心,砥砺前行。

6

研究生第一党支部团队　廖云峰

廖云峰

男，中共党员，上海海洋大学 2021 级机械专业硕士研究生，现任上海海洋大学工程学院研究生第一党支部组织委员；曾获 2021—2022 学年二等学业奖学金。

2022 年恰逢海大建校 110 周年，工程学院以传颂"工匠精神"为主题开展了一系列校友采访活动，以此为校庆献礼，在这次校友采访活动中无论是学院领导、老师还有参与采访的同学都表现出了极高的热情，这次活动我作为全程参与者，感触颇多。

活动伊始，我就感受到了学院对此次活动的重视，学院领导主持了访谈学生参与的启动会议，在会议上丁国栋老师对于参访的内容做了介绍，其对细节的阐释让我大为触动。我们传颂的是校友们在各个行业践行的工匠精神，工匠精神的内涵之一就包括了对工作的认真严谨，丁老师对于采访活动内容的严谨把握正是对工匠精神内涵的一种说明，也让我在未开始采访前就明白了这次活动的意义。

　　无论是开始采访前还是采访过程中，我都感受到了学院在此次活动中的投入，每一位老师都积极主动地去通过各种方式联系校友，邀请校友参与访谈，为母校校庆发出自己的声音。正是因为各位老师的积极联络，在我联络校友商讨具体采访时间和内容时，每位校友都表达出了强烈的为母校祝福的心愿。采访过程中多位校友都在毕业多年后表达了对学院一些老师的尊敬与感恩，我来到海大虽然只有一年，但是与各位校友感受相同，工程学院每位老师对学生的关怀不仅仅是体现在学业上，更多的是体现在对学生生活的关怀以及对学生人生理想的塑造上。在采访维正集团王海军校友时，他就表达了对李军涛老师的感激，他对于李军涛老师传道授业解惑的回忆引起了我的共鸣。我们工程学院虽然成立时间不长，在底蕴上可能与其他学院相比有所欠缺，但是学院老师始终以教育为本，把培养学生放在很重要的位置，因此，我们同样获得了良好的教育机会。

　　在对工匠精神的解读过程中，武刚校友讲述的个人经历让我感触颇多。武刚校友在校期间一直积极参与学科竞赛，为自己积累了很多经验，这种积极主动的精神一直伴随着他。毕业时，武刚校友没有跟随时代潮流进入互联网行业，他义无反顾地选择从事机械行业，在自己的岗位上积极参与项目，积累经验。在当前社会充斥着"看衰"机械的基调下，他依然保持着积极主动的习惯，不断提高自己的专业能力。这种努力与坚持正是对"工匠精神"的最好诠释，哪一个大国工匠不是通过无数个日夜的刻苦钻研才能掌握自己的独门秘籍呢。

7

研究生第一党支部团队　岳晓雪

岳晓雪

女，中共党员，上海海洋大学2021级机械专业硕士研究生，现任班级宣传委员；曾获三等学业奖学金、"社会工作积极分子"称号。

为弘扬"工匠精神"，工程学院举办了"行走中的工匠精神"主题教育访谈活动，我很荣幸地成为"小智行"志愿者中的一员。在参加志愿者培训会和分好小组之后，我们根据采访名单，整理采访提纲，发送邀请函，等待校友的回复。

我负责采访袁欣伟学长，学长是上海海洋大学2014级机械设计制造及其自动化专业本科生，毕业后，他进入日本东北大学金属材料研究所原子力学材料工学研究部门攻读硕士，硕士毕业后，他继续深造，目前博士在读。与学长取得联系后，我满怀激动与紧张的心情等待学长的回复，激动的是可以向在国外留学读博的学长学习经验和知识，紧张的是不知如何与学长进行交流,意想不到的是学长的性格十分热情开朗、平易近人,看出我的拘谨后,还体贴地让我不要这么正式,随意一些,然后根据学长的安排,确定了线上视频采访时间。

采访当天,袁欣伟学长还在实验室学习,视频会议上,学长简单介绍了自己的研究方向——原子力材料。当谈及为何去日本留学时,学长坦言说,本科毕业时准备参加工作,但面对到手的offer,他发现工资不能让他肩负生活的重担,职业生涯一眼望到头,思来想去还是决定读书深造,选择去日本留学读研。与学长的交流中,我发现大学毕业生找工作不容易,特别是在如今疫情的情况下,找一份好工作实属不易。

这也是引起我最大共鸣的想法,因为我本身也是工作两年后读研,当时是本科毕业参加工作,但是后来发现实际上从事的工作在上手熟练后就变成了重复性的工作,工资待遇只能养活自己,职业生涯已经可以看到退休了,究其原因还是本科阶段没有清晰的目标,对自己的未来没有仔细地规划,每天单纯按照课表和学校的安排学习,没有主动了解以后的就业方向,也没有主动了解相关企业所需要的技能,导致毕业后也不知道自己想从事什么样的工作,只能随波逐流地找工作。所以大学学习阶段一定要做好规划,目标之于人,就像灯塔之于航行在深海的船,是希望之光。对于我们来说,最重要的是确定自己的目标以及如何去实现目标,要多了解专业信息以及就业方向,根据自己的选择制订规划,如果首要目标是就业,一定要知道自己具有的技能能否为企业带来利益。

与袁欣伟学长的访谈持续了一个小时,时间虽然不长,但是让我受益匪浅,也很感谢学长在百忙之中抽出时间与我交流。

8

研究生第一党支部团队　李帅

李　帅

　　男,中共党员,上海海洋大学 2021 级机械专业硕士研究生。

　　2022 是特殊的一年,110 年前上海海洋大学迎来了她的首批学子,现在又迎来她自己的 110 周年生日。为了给海大庆生,工程学院启动了"行走中的工匠精神"主题教育访谈活动,感悟优秀校友、企业精英、社会劳模和退休老教师的奋斗历程与人生经验,弘扬"工匠精神"。

　　校友力量是海大的一笔财富,也是我们海大学子十分宝贵的资源。由于 110 周年校庆活动,学院也给我们提供了认识校友、认识学校、认识社会的一个捷径。采访校友的工作也让在校生、校友、母校、社会形成了一个圈。

　　刚接到这个暑期实践活动的时候,我也是十分慌乱,因为自己以前没有很正式地采访过别人,而且这次是采访没有太多了解的校友。在学院的带领下，我慢慢地了解到我的采访对象张项羽学长的一些基本资料，于是我积极地与他取得了联系，并在网络上对学长进行一些深入了解。这次的采访实践活动，不仅顺利地完成了我的暑期任务，更使我受益匪浅。

2022年7月18日晚，我与张项羽学长进行了视频通话，进行了网络上的"面对面"交流。在了解了一些基本情况后，张项羽学长就认真地与我们讲述了他的学习就业经历以及他认为的现代大学生应该怎样学习、生活、工作。从张项羽学长口中，我见识到了一种不一样的学习态度与非凡的大学生活。他提到的工匠精神的内涵也将激励着我在求学路上越走越远。

无悔青春，逐梦星河，在我看来，这便是张项羽学长与他人不同的地方。在本科学习期间，他不但课程学习成绩名列前茅，还积极参加一些课外活动，在别人眼中优秀的他并没有满足于现状，而是只争朝夕，不负韶华，不放弃任何空闲时间，积极与大学老师和学长学姐交流，主动加入学校的科创团队，更宝贵的是，他一直坚持自己的梦想，外界的诱惑并没有让他失去自我，他总是一步一个脚印地前行……功夫不负有心人，怀揣理想的他就这样摘取丰硕果实，带着自己的奖杯加入了现在的工作团队。

——"什么样的人生才算成功？"

——"愈挫愈勇，永不言败！"

人生就是一个人认识世界的过程，是一个不断试错的过程，在这条充满荆棘的路上，到处都是路口，磕磕碰碰也将成为必然，跌倒并不可怕，可怕的是没有爬起，而从此忘记自己的理想信念。坚信"打不倒你的终究会使你变强大"，并且践行于此，我想，这就是一种成功的人生！

9

机制学生党支部团队　冯玉婷

冯玉婷

　　女,入党积极分子,上海海洋大学2021级机械设计制造及其自动化专业本科生;曾获人民奖学金二等奖、三等奖,青马工程"优秀学员"称号;勤工助学管理中心"优秀部员"称号。

　　2022年的暑假,我有幸成为"行走中的工匠精神"主题教育访谈活动的志愿者,采访优秀校友、企业精英、社会劳模和退休老教师,感悟他们的奋斗历程与人生经验,弘扬"工匠精神"。在整个活动过程中,我受益匪浅。

　　最开始,我是比较胆怯的,可以用"社恐"来形容我。与校友交谈的时候,我都会有些害怕,这种恐惧来源于我怕自己做不好,会搞砸等等。在经过培训后,虽然心里的巨石落下了,却依旧有小石子在挠着我的心。不过好在我的学长们都是很亲切宽容的,交谈起来十分顺利,气氛也很轻松,就像是朋友在聊天一样。一场又一场的访谈结束,我也越来越坦然自若。除了收获交流沟通能力外,我的撰写能力也有所提升。采访后需要将采访的内容转化成书面稿,并且选取合适的内容编辑成新闻稿。虽然整个过程并没有很大挑战,只不过偶尔会遇到一些不清楚的名词需要反复斟酌,但整个访谈让我收获最多的并不是能力而是精神上的补足。

我们总在奔波时忘却了方向。当我们在做某件事的时候,觉得它是有意义的,并且愿意花时间去做,这就找到了自己的方向。在我访谈的机械专业的学长里,他们有的是从事半导体行业的工作,也有的后来当了老师,当然也有一直从事机械方面工作的学长。当我问他们"为什么?"的时候,他们的回答基本是一致的——热爱。无论最终选择的方向如何,他们也都经历过迷茫的时候,学却不知道为何而学,最终都是时间的沉淀才发现自己需要的到底是什么。

有的同学在大学时甚至更早就明确了自己想要什么并为之努力奋斗,但大多数的我们比较迷茫,不知何去何从。这没关系,我们可以在校园多参加一些活动和比赛等,珍惜学习机会。但无论如何,最重要的其实不是去想以后怎么做,而是想现在怎么做。现在所学的技能都是在为以后工作打基础,企业没有时间和精力等我们学习,他们要的是结果,而我们能做的就是在学校将技能学到手以便以后不慌不乱。

都说选一行爱一行,不要心急,当你逐渐揭开专业的面纱,会发现它确实很有魅力,会为之动容、为之努力的。

10

机制学生党支部团队　段冰燕

段冰燕

　　女,中共预备党员。上海海洋大学2020级机械设计制造及其自动化专业本科生,现任20机制2班团支书。曾获得校人民奖学金一等奖4次、国家励志奖学金2次、王素君基金1次,获校"优秀团员干部"称号1次、校"优秀团员"称号1次、"优秀学生干部"称号2次,获第八届船模动力艇大赛三等奖,第七届上海市大学生工业工程应用与创新大赛二等奖,第十二届上海市大学生先进成图技术与创新设计大赛团体二等奖。

　　恰逢海大110周年校庆,我很荣幸加入上海海洋大学工程学院"行走中的工匠精神"主题教育访谈活动的队伍中。在这次优秀校友的访谈活动中,我的访谈对象是一位电气专业的学姐和两位机械专业的学长。我们通过采访优秀校友的奋斗历程、人生经验来弘扬"工匠精神"。在这次采访中,我受益颇深,以下从采访工作心得和对校友经验分享的感悟两方面展开。

　　首先是采访工作心得。

　　做任何事情都需要事先规划好,谋定而后动。在访谈活动中的工作比较繁杂一些,我们在小组分工之后,就需要各自去准备。比如,收集采访对象的基础信息,拓展了解采访对象单位的业务范围等,提前编辑一段邀请语与采访对象取得联系,对采访会议时间、采访问题细节等进行沟通,录制会议视频,编辑采访文稿等等。要事先做好规划,才能有条不紊地进行访谈工作。任何工作都有其深层次的运行规律,拿到一个工作后不思考、不分析就直接下手干,很容易搞砸。采访活动是在暑期进行的,这期间大家会有很多事情需要做,这个时候不能急躁,要分清轻重缓急,按序列个条目,然后沉下心来,沉稳冷静,一件一件去干。

注意细节问题。在访谈活动中,很大部分校友有繁忙的工作,为了减少错误的出现,避免浪费校友的时间,我们必须要考虑到各种细节,比如,确保可以找到会议录制视频的文件位置,避免录制失败后再二次录制;考虑着装、环境无噪声等以确保录制效果。聚焦细节,由量变形成质变,从而得到升华。

其次是对校友经验分享的感悟。

在和三位优秀校友的沟通交流中,他们都一致提到了,希望学弟学妹们在学习专业知识之余,能够多多参加实践活动,学以致用,善学善用。通过实践,我们可以把所学的知识运用到实际生活中,从而获得更深的体会。在和孙梦瑶学姐交流中,我学习到了要善于利用资源,主动出击,争取资源与机会;在和王国全学长交流中,我学到了要善于向他人学习,葆有积极乐观的生活态度;在和陈英才学长的交流中,我学到了要为一个目标不断努力拼搏。凡此种种,感悟良多。

最后,正值海大百十芳华,祝福海大年年桃李,岁岁芳华!

11

机制学生党支部团队　智靖阳

智靖阳

男，入党积极分子，上海海洋大学
2021级机械设计制造及其自动化专业本
科生，现任工程团委学术部负责人，兼任
就业工作室负责人；曾获"社会工作积极
分子"称号。

　　此次参与"行走中的工匠精神"主题教育访谈活动，对我有着极大的影
响，有助于我对未来职业生涯进行探索，清晰了我对未来大学生活的目标。
我深刻感受到这是一次自我规划、借鉴优秀校友经验，以及自我成就的探索
活动。

　　在步入大学后上过学校开设的就业指导课程，也时刻积极关注着大学
生就业问题，了解到现在就业形势的严峻。但我始终觉得"纸上得来终觉
浅，绝知此事要躬行"。而这次在采访校友的过程中，从校友口中清楚了解
到职业现状等，并结合校友给出的建议找到了针对性学习的方向。

　　以下是我此次参与访谈活动的一些感受和收获：①大学本科期间要重

视自己的专业知识学习。如今中国制造业正在蓬勃发展,就业岗位多样,人才紧缺。但我认为即使机制专业毕业生的就业相对其他专业来讲更容易,专业知识的储备也是十分重要的,我们要充分利用在校学习时间不断夯实我们的专业基础知识和提高自己的专业技能,要肯去学、肯钻研、肯去精益求精。同时勤动手,多培养我们的动手能力,广泛涉猎各方面报刊书籍,提高自己的综合业务素质和专业竞争能力等,不断拓展自己的优势。②要积极投身实践,亲身经历。获取知识的途径有两种:一是从前人的经验中去汲取,二是自己在实践中探索发现。而最重要的就是在实践中锻炼自身、提升能力,获取"活"的知识。无论成功与否,实践中所获得的体会和阅历将是用之不尽的财富。③丰富课外知识,学习多样的知识,学好英语和计算机。技多不压身,在机械行业也是如此。

从开始准备采访到整理材料,再整合成采访稿,其间校友的奋斗历程和精神深深地感染了我。让我将大一时的迷茫转为清晰的定位,以及对未来明确的目标。校友告诉我:"机会是给有准备的人的。"只有平时脚踏实地,勤勤恳恳,不断提高自身素养,在日常工作中汲取经验,才能不愧对自己。

12

工业物工学生党支部团队　方书颖

方书颖

　　女,中共预备党员,上海海洋大学 2020 级物流工程专业本科生,现任班级生活委员,曾任工程学院团委组织部部长;曾获水生奖学金、史必诺奖学金、多次人民奖学金一等奖以及"优秀团员干部""优秀学生干部""优秀学生标兵"称号。

　　2022 年是上海海洋大学建校 110 周年,虽然受疫情的影响,但学校精心策划了很多有趣的活动。在暑期的时间里,我很荣幸地参与到了我们工程学院举办的"行走中的工匠精神"主题教育访谈活动中,通过采访优秀的学长学姐,了解了他们在海大、在工程学院学习生活的美好回忆以及他们在步入职场后的真实经历。除了和学长学姐们交流以外,我们还将采访交流的内容记录下来并整理出文稿,也希望通过这个方式将学长学姐们分享的内容以文字的形式保留下来,并将其作为一件礼物献给学校,献给每位海大人,从而让更多的人了解到海大人的工匠精神,展示海大人的奋斗成就,砥砺海大人的奋发意志。

在这次的采访活动中,前期经历了自主报名、启动仪式和培训工作,我了解到此项活动的意义所在,也坚定自己要努力完成这次的采访活动。在和陈菲洋同学以及施皓同学一起组成采访小组后,无论是采访前的提纲准备,还是正式采访的过程以及采访后的资料整理,我们的采访一直在有条不紊、活跃积极地进行中。我们在整个过程中有着明确的分工,同时也时刻分享着自己的想法,共同参与到采访中。对我们来说,这次的采访经历既是难忘的也是非常有意义的。

此次采访活动中我们一共采访了七位优秀的学长学姐,尽管有些学长学姐工作比较忙,但还是努力配合我们的采访工作,无论是在采访前和他们的沟通,还是在采访正式进行的过程中,每位学长学姐都非常地支持和配合我们。可能一开始会害怕和学长学姐们之间有距离感,但是在实际与他们的沟通和交流中,他们站在学长学姐的角度认真解答我们的疑惑,分享他们在海大学习和在各自岗位工作的故事,讲述他们对工匠精神的理解,同时向海大送出最真诚的祝福,并给我们学弟学妹们也提供了最宝贵的建议。因为采用的是线上真实地和学长学姐们进行交流的形式,我们可以感受到学长学姐们的真实情感,对我们而言这其中的收获也是非常大的。

通过聆听七位学长学姐分享自己真实的奋斗故事,我深刻体会到工匠精神在他们身上不同方面的体现,是敬业,是精益,是专注,也是创新。在这次采访他们的过程中,我感受到工匠精神是指在行业领域中精益求精、超越自我、脚踏实地,也是在学习生活中把握时间、不断尝试、坚持学无止境。工匠精神离我们并不遥远,学长学姐们的故事也让我们认识到大力学习和弘扬工匠精神的意义所在,作为大学生,我们不仅要加强对专业知识的学习,更要明确自己现阶段的目标并树立远大的理想,培养自己对待任何事情都要认真专注、追求卓越的态度,面对新问题新事物也要敢于创新、不断突破。

这次采访的经历令我受益匪浅,希望通过海大人对工匠精神的真实诠释,在海大百十校庆之际进一步弘扬伟大的工匠精神,为每位海大人的学习和工作生活注入一份新力量,助力大家在追逐伟大的中国梦中实现自己的人生价值。

13

工业物工学生党支部团队　李仁双

李仁双

女，入党积极分子，上海海洋大学
2020级物流工程专业本科生，曾获四次
三等人民奖学金。

暑假刚接到这个访谈任务的时候，我既紧张又觉得机会难得，因为我并不是一个健谈的人，我害怕自己做不好，但是又十分珍惜来之不易的锻炼机会。害怕但不能畏惧，从一开始就一直给自己心理暗示："我想我会完成得很好"，最后我不仅顺利地完成了校友访谈任务，还受益匪浅。

访谈前，老师对我们进行了专业的培训。学长学姐们也很健谈，从学校时光到工作经历都滔滔不绝地与我们分享，隔着屏幕我都能感受到学长学姐激昂的心情。2013届毕业的王慧学长已经工作9年了，当我问及他的大学生活时，从他的神情，我能感受到他心里的那份快乐与幸福："我对海大的初印象特别好，读小学开始，就知道有上海水产大学，我小时候酷爱养鱼，从小便立志考海洋大学,能读海洋大学我真的非常自豪。"那份对母校的归属感和荣誉感,在"自豪""特别好"等字眼中被体现得淋漓尽致。他还提到李军涛老师的课不仅有意思,也很有用,中午食堂里拥挤的打饭场景,学校的海大鹅、流浪猫,海大的绝美晚霞和刺骨的"妖风",这些都能引起我们的共鸣,回忆就像老电影一样,在脑海中一幕幕上演。"忆往昔"的开场,拉近了我和学长的距离,也打开了被采访者的心。我们好像在做一次时空的转换,他的描述中是海大的过去,我的话语中是海大的现在,我仿佛回到了九年前的海大旅游了一次,他也被我带到了 2022 年的海大。

作为过来人,学长分享了很多经验和人生启发;对于这个年龄段的我们来说,理想只是一个海市蜃楼,能远远地看见,却飘忽不定。深夜总是为了大学后该怎么选择,该怎样生活而辗转反侧,"迷茫"估计是当下我们最长提的词了。这次与学长谈话,让迷茫的我再一次有了好好规划的想法,有理想的人就像看到灯塔的船,内心总是温暖的、踏实的,无论现实有多么残酷,也都不会被打败! 听君一席话,胜读十年书,一个多小时的访谈很快就过去了,但这次访谈让我受益终身。

回首海大,寄语学子。在访谈中,师哥师姐们回忆了大学校园生活,对学校发展提出了建议,也分享了现在的职业感受,并赠言学弟学妹们。这是一次有意义的访谈,于我而言,对自己的人生规划有了更多的理解,更明确了自己前进的方向。访谈过去很多天了,但我仍然记得吴学长说的一句话:"一定要有强大的自信心,时刻坚信自己能成功。"这句话对我来说真的很重要,因为我最近处在一种自我怀疑、不自信的状态。

非常感谢老师们能给我这次访谈校友的机会,在这次活动中所学的东西,我必牢记在心,也会以每一位优秀的学长学姐作为榜样,鞭策自己不断向他们靠拢。步入大三的我,早已到了要对自己负责的年龄,当下要做的是把每一门功课修好,把每一件小事做好,人生的成功就在于每一天都在进步,就算一小步,也有新高度。

14

工业物工学生党支部团队　施皓

施　皓

男,入党积极分子,上海海洋大学2020级物流工程专业本科生,现任班长一职;曾获大学生数学建模竞赛上海市二等奖,人民奖学金二等奖,"优秀学生""优秀学生标兵"称号。

　　为献礼建校110周年,感受时代精神,上海海洋大学工程学院成立"行走中的工匠精神"主题教育访谈活动志愿者团队,在暑期开展了校友访谈活动。

　　我非常荣幸能够成为访谈小组的一员,与其他成员一起采访优秀的学长学姐。这次活动不仅仅是一次向优秀前辈学习的好机会,也让我们小组成员之间通过交流了解彼此,见到了对方身上的诸多闪光点,大家互相学习、共同进步。作为志愿者团队的一员,我的职责是以视频记录一次次的采访过程,同时撰写会议纪要。在这个实践活动中,我学到了很多。首先是锻炼了我的语言组织能力,以及把有很多内容的采访稿精简的编辑能力;其次在采访优秀的学长学姐时，也能感觉到不管从事的行业是什么，他们对待工作尽职尽责的态度是一样的，他们每一个人都怀揣着一颗工匠之心，心无旁骛地专注于自己所从事的工作。而这也让我明白所谓"工匠精神"，就应该像几位学长学姐一样精工细作、匠心独具、初心不变。

"行走中的工匠精神"访谈活动通过寻访全国各地的优秀校友、聆听校友讲述母校旧事及个人发展故事，将校友们的经历通过多种渠道广泛宣传，培养新时代"工匠"，传承工匠精神。

在和校友们的访谈中，我们学习到了胡景涛校友的执着专注、勇于创新，李小康校友的勤朴忠实、脚踏实地，张许校友的把握时间、不断尝试。不论是余戴琴肩负重任、冒险而行，投身于看不见硝烟的战"疫"中，还是李月华精益求精、持之以恒地对待每一个工件，为 C919 国产客机的生产保驾护航，都让我们铭记于心，激励着我们以他们为榜样刻苦学习，立志成才，不断奋进！

每一位校友都有着不一样的故事，但是从每个人的经历中都能看出他们奋斗的身影。在向学弟学妹们寄语时，他们每一人都不断强调着把握时间好好学习的重要性，这无不是对广大学子的激励，我们应当规划好大学生活，立志成才。

尽管许多校友已经离开学校，但他们依旧对母校怀有炽热的感情，通过此次活动，校友们向上海海洋大学的学子和老师传递了海大的情怀与温度，希望海大学子们能够学习学长学姐追求完美的精神，锲而不舍的品质，常怀工匠之情，不忘初心，上下求索！发扬厚重的海大精神，披荆斩棘，奋发图强！

15

工业物工学生党支部团队　魏仁杰

魏仁杰

男,中共预备党员,上海海洋大学2020级工业工程专业本科生,现任班级班长,辅导员助理,智造社副社长,上海海洋大学资助宣传大使,中国造船工程学会学生会员;曾多次获得人民奖学金,国家励志奖学金,上海海洋大学"优秀团员干部"荣誉称号,曾获全国大学生节能减排社会实践与科技竞赛国家三等奖,"挑战杯"上海市大学生创业计划竞赛金奖等省部级及国家级科创奖项二十余项。

　　2022年是上海海洋大学建校110周年,也迎来了党的二十大。我们工程学院启动了"行走中的工匠精神"主题教育访谈活动,感悟优秀校友、企业精英、社会劳模和退休老教师的奋斗历程与人生经验,弘扬"工匠精神"。我作为志愿者采访了上海海洋大学2018级工业工程专业研究生邵祺和上海海洋大学2017级工业工程专业本科生赵顺康,并且整理了另外两名优秀学长学姐的采访材料,感触良多。

　　毕业的学长学姐们,大多已经在社会的各行各业发光发热,传承着大国工匠精神;抑或是刚刚毕业的,现在还在国内外各大高校求学,探索知识的海洋。采访的问题当中有一项是初入海大的印象,采访对象对学校的第一印象都是赞不绝口的食堂美味和优美的晚霞。

本科毕业之后,邵祺学长去云南大理做志愿者,在大理市团委做了一年的挂职,又去西部支援了一年的时间,基本上每个月里面会有大概一两天时间上山下乡。所以回来以后,邵祺学长就特别珍惜现在的生活。而在重庆大学读研的赵顺康学长在本科阶段就是一位科创达人,曾获第十二届 iCAN 国际创新创业大赛上海浙江赛区一等奖,2019 年上海市大学生创业决策仿真大赛二等奖,"汇创青春"上海大学生文化创意作品展示活动产品设计类三等奖两次等等,并申请实用专利、外观专利若干。他理解的工匠精神是能够自主学习。人在自我发展过程中,不能被动地去学习,而是应该进行自我的完善。

在采访过程中,他们的个人经历和心得体会也对我产生了一定的影响,我们不光要做应试型的理论型选手,还要多实践多动手,"纸上得来终觉浅,绝知此事要躬行"。

值此海大 110 周年校庆之际,我认为参与这样的校友访谈活动非常有意义,不论是已经毕业的学长学姐们,还是我们这些正在读书的海大学子们,大家心中都会铭记着母校"勤朴忠实"的校训,都会感谢恩师在困境中对我们学生的不懈培育和帮助。感恩海大,祝愿海大百十周年生日快乐!

16

学生会团队　郑紫茵

郑紫茵

　　女,上海海洋大学 2021 级电气工程及其自动化专业本科生,现任工程学院学生会文体部部长和工程学院学习实践站组织部部长;曾多次获人民奖学金二等奖,工程学院"优秀志愿者"称号。

　　2022 年是上海海洋大学 110 周年校庆,因而我们工程学院启动了"行走中的工匠精神"主题教育访谈活动,感悟优秀校友、企业精英、社会劳模和退休老教师的奋斗历程与人生经验,弘扬"工匠精神"。在开展访谈活动之前,学院开展了访谈前的培训会,在培训会上,晏萍书记、郑宇钧副书记告诉我们此次访谈的目的旨在让同学们在参与访谈的过程中从前辈身上学习到、了解到、体验到工匠情怀、工匠精神。前路漫漫,路还很长,我们还需要不断地磨砺成长。面对此次访谈,我希望从前辈们身上学习到坚持理想、追求目标、不断挑战自己的无畏精神。

　　这是我第一次接触到采访活动,开始时我是紧张、兴奋又无从下手的,紧张的是我不知道如何采访,兴奋的是我可以从学长学姐那里学习到更多的学习经验、工作经验。经过访谈培训会中老师和同学的示范过后,我对于采访的形式、流程、方向有了较为明确的规划,之后采访活动有条不紊地完成了。

　　此次,我采访了机械专业的张洋学长,在采访过程中张洋学长很放松,给我们讲了许多大学趣事,包括他最喜欢的老师,印象最深刻的事,考试之前的挑灯夜读,室友之间的谈天说地。从学长的言语之间,我知道,他对学校的感情很深厚。不仅如此,张洋学长也告诫我们在学习、工作时一定要专心致志。"适当的放松是可以的,但是过度的放纵是不可取的。"张洋学长说道,"还有一定要注意自己的绩点成绩"。张洋学长说到这里,也笑了下。的确,在大学的学习中,自主学习占据很大的一部分,面对艰涩难懂的知识,我们需要自己去克服。作为青年,我们肩负着民族复兴的历史重任,更应该要在自己的岗位上坚守本心,不断前进。只凭借一个人的力量是远远不够的,我们要共同努力,坚守每个人心中的"工匠精神",才能够成功。学长说:"每个人的心中都有着自己的'工匠精神',它们是坚持,是奋斗,是为了梦想不断拼搏的勇气,是精益求精的精进。"我们身为工程学子,就应该肩负起这份精神,并在它的引导下,不断向前。

17

学生会团队　曹骏

曹　骏

　　男,上海海洋大学 2021 级工程专业本科生,现任工程学生会生活部部长,工程学院易班编辑部部长。

　　通过这次的访谈,我了解了许多大学生所面临的选择与彷徨,在严峻的就业形势下,部分毕业生选择了读研,继续深造自己,也有的选择了就业,但我个人觉得这要视每个人的性格、兴趣、价值取向而定。

　　目前对大学生来说,由于连年的扩招带来毕业生人数急剧增加,加上政府机构改革、人员分流、国企深化体制改革、精兵简政,私企就业岗位少,全球性经济危机又雪上加霜,导致大学生就业存在很大困难。所以有很大一部分的学生转向考研,引起新一轮的“考研热”。也就是说现在的研究生就业形势也不乐观。因此只有脱颖而出的人才会有更好的就业机会。这也是众多大学生需要认清和面对的现实问题。

对我个人而言，读研以后也不一定能找到一份好的工作，不一定能缓减就业压力，高学位并不等于高职位、高薪水。其实就业难不难，主要看个人能力与内心期望值之间的差距，如果综合素质很强，那么到哪里都很抢手；但如果是眼高手低的话，现实与期望落差会很大，高不成、低不就，自然很难找到工作。所以，给自己一个合理客观的分析、定位是很重要的，只有克服浮躁情绪，沉下心来才能更好、更快地融入社会。

这次访谈的结果带给了我们很多实用知识。首先，一个人应当对自己的职业有个大致的规划，而不是毫无目标。只有确定了方向，我们才能更好地朝着目标努力。

其次，职业的选择真的要考虑很多方面，待遇、福利、工作环境、发展前景、个人的兴趣爱好等等。我们需要根据自己的需求选择合适的职业。我个人觉得，个人的兴趣爱好还是很重要的。只有有了兴趣爱好，才会有动力，有进步，才会像邵秀英同学一样取得那么多的成绩，进而有更大的发展空间。

最后，我觉得人应该认清自己，认清自己包括很多，比如明白自己的优势、劣势；知道哪些对于自己来说是机遇，哪些是威胁；更要明白自己的方向所在。只有这样，我们才能抓住机会，勇往直前，达到我们自己想要的目标。而当我们确定了目标后，就应该逐步向目标奋进了，同时弄清将来的工作所要求的是什么，我们需要具备怎样的知识、技能、素质。如果自己还有所欠缺，就应该抓紧时间做功课了。只有让自己足够配得上那份工作，我们才有十足的把握赢得那份工作。

在这次访谈中，我还了解到一个人的知识和技能不再是决定职业发展中所达高度的唯一因素。就算我将来考取了研究生，有了高学历，获取了更丰富的知识，到头来还得回归到社会实践中去，通过实践来检验实力。所以真正决定一个人能否成功的，是个人品质和能力。社会在发展，时代在进步，理论知识有时候有一定的滞后性，需要在实践中更新。这就更要求我们在掌握好专业知识的前提下，将理论应用于实践，将理论与实践相结合，才能更高效地做好本职工作。

一次简短的访谈很快就结束了，感谢杨露学姐能在百忙的学习工作生活中抽出时间接受访谈，通过这个访谈我受益匪浅。

18

学生事务中心团队　姚宇

姚　宇

　　男,上海海洋大学 2020 级机械设计制造及其自动化专业本科生,现任班级生活委员,事务中心助理,科创助理。

　　"工匠精神"往往在人们的第一印象里都是以"慢"著称,在快节奏生活的当下,不少生产创造似乎也加速起来。似乎只要愿意,什么都可以快速完成。作为一名工程学院的学生,看着现在各种自动化、智能化设备的普及,似乎在工匠精神的出处这里,也看不见了"慢"的影子。但是,通过这次对学长学姐们的采访,我们发现"工匠精神"仍在身边。

　　现代社会,时间就是生命,办事讲效率没有错。但实践也告诉我们,有些时候"欲速则不达",一味地追求速成不是好事。正所谓"十月怀胎,一朝分娩",事物的成长发展往往有其规律,那些违背规律的速成,往往就会先天不足,无异于拔苗助长。从事空调调试工作岗位的学长告诉我们,一些以次充好的假冒伪劣"速成"产品，一些偷工减料的"速成"工程等等，多是以牺牲质量或成效，乃至以牺牲安全为代价的，这样的速成不仅无益，而且有害。这也会导致该商品的品牌损失惨重。他的工作便是防止这样的事情发生，也是他这个岗位存在的意义，常言道：慢工出细活，文火煲靓汤。很多事急不得，更速成不得。古人对事物的创造，往往是匠心独运，不尚速成。如丝绸、瓷器、漆器、金银器等各类技艺精湛的手工艺品，饱蘸着匠人们对自然的敬畏、对创造的虔敬、对工序的苛求。这一丝不苟的工序，精湛的技术，专注的追求，精益求精的精神，正是我们今天所倡导的"工匠精神"。而他所在的岗位，也是如今"工匠精神"的缩影。

而在一位继续深造的学姐眼里，"工匠精神"又有别样的含义。一颗对事物喜爱的心往往是你对自己行业乃至生活不失去热情的关键，不用在乎他人的眼光，也不用因他人错误的看法而对自己丧失信心，保持对自己所爱的事业的热情，不去轻视、小看自己的付出，一切便都有了意义。其实，不管是科学研究、手工制造、养殖种植，还是行医执教、著书立说，行业千万种，从业者都应该有一颗基本的"匠心"。这颗匠心，不仅是对规律的尊重，对创造的敬畏，更是一种一丝不苟、追求卓越的精神。养此匠心，则会耐得住寂寞，坐得住冷板凳，下得了苦功夫，生出一种宁静致远、潜心于事的定力。涵养工匠精神，容不得浮躁，容不得唯利是图。

而今的"工匠精神"仍在我们身边，但是"慢"似乎已经扩展成了他样的含义。唯养一颗匠心，不迷于声色，不惑于杂乱，沉潜自己、专注一事，方能有所成、有所立。拥有"工匠精神"之心，才是作为一个工程学子最宝贵的财富。

19

学生事务中心团队　马子涵

马子涵

　　女,上海海洋大学 2021 级测控专业本科生,工程学院事务中心助理成员,参加过校志愿者理发服务活动、运动会方阵志愿活动。

　　2022 年 7—8 月,我很荣幸成为"行走中的工匠精神"主题教育访谈活动志愿者之一,并成功采访了 2 名优秀毕业生。学长学姐从学习谈到生活,为在校学习的海大学子提供了很多经验,并分享了他们自己对于"工匠精神"的理解。

　　梦晗学姐是一位职场精英,在采访她的过程中,我感受到了她作为一名合格的职场人身上的干练与谨慎。学姐的表达能力让我大受震撼,我也意识到了这一点是我非常薄弱的,在后续的大学生活中,我需要不断加强。此外,采访完梦晗学姐之后,我思考了她成功的原因:去探索未知的领域,敢于打破自己的舒适圈,直面自己的弱点。每个人都会有属于自己的闪光点,在那部分领域，我们总会大放光彩，可问题是，我们是否可以在其他领域同样如此。走出舒适圈，有太多的挑战在等着我们，我们必须迎难而上，尽力去完善自我，这样我们的人生之路才能多几个选择，我们才能没有遗憾地去欣赏人生道路上的风景。

黄山学长是上海市长宁分局的一名民警，在采访他的过程中，我感受到了强烈的信念感与正义感。那种守护人民的决心是值得所有海大学子学习的。黄山学长分享了他当时考公时的生活，我感触颇多。想要成为一名优秀的学生，我们必须要为自己的大学四年制订一个计划表，并为之坚持不懈地努力。在这期间，我们可以偶尔休息，但在短暂的任性之后，我们要有重新努力的信心，空谈梦想是所有人都可以做到的，但是实现梦想是需要披荆斩棘、永不放弃的。

这次采访活动，不仅使我明确了未来的发展方向，更让我拥有了敢于追逐梦想的勇气。最后祝海大110周年生日快乐，愿所有海大学子在未来的某一天可以成为母校的骄傲！

20

团委学生组织团队　俞锦松

俞锦松

男,上海海洋大学2021级机器人工程专业本科生,现任工程团委传媒中心部门负责人、班级团支书、新生班助;多次获得获人民奖学金以及先进个人奖项,曾获得奉献杯校赛三等奖,积极参加社会实践与志愿服务活动。

2022年的暑假既忙碌又充实,暑期伊始我就报名了上海海洋大学工程学院开展的主题教育访谈活动——"行走中的工匠精神"。而我在本次采访小组中主要参与前期采访活动、后期采访稿的整理和校友故事的撰写,可以说,通过这次的社会实践,我不仅深度了解了许多学长学姐面对职业发展时的选择,还有他们对于在一些社会实践中真实会遇到的情况的自我见解,以及作为过来人对我们这些还未完全步入社会的学弟学妹们的建议;并且本次活动让我的信息捕捉收集能力、文案撰写能力和工作对接沟通能力都有了很大的提升,相信这对我今后求职就业有着很大的帮助!

在本次采访和撰写校友故事中,我通过和学长学姐的对话可以看出他们对于自身目前工作的充分认可,也得到了很多有效有用的学习建议和职业选择的指导。

关于杨恽君学长,我的第一印象是他的那种儒雅随和的气质,真的会让人有一种亲近而温柔的感觉。在和他的谈话里我了解到在他所在的企业——世界500强日企大金公司的管理下,"执行"是最重要的指标,要稳重稳当地做好每一件事,讲究工匠精神,践行勤朴忠实。而最令我动容的则是他对两位"贵人"——胡庆松院长和郑宇钧书记的感恩。他和我分享到在他无心向学、濒临劝退的状态下,他们一直在替杨学长"求情",最终让他保留学籍休学一年,而他也是在回归大学后下定决心好好补课,学完本科的课程,顺利毕业。俗话说,贵人难遇,学长的这份经历大概就是这句话的最好体现吧。

而关于赵娟学姐,我最大的印象是她那全面的思考和流利的表达。在我和她的交流中,我了解到她从"学校"进入"学校"时的心态的转变。在身份从学生转变为教师之后,赵学姐和我分享道,她看待课程、知识和专业的角度就变了,变得更加具体和深刻,从学习知识转变为教授知识,这就是身份给她带来的转变;在心态上从只要专注科研转变为要顾及更多的课题之后,赵学姐也是从最初的紧张克制逐渐进步到如今的收放自如和游刃有余。而在最后她还和我分享了许多她作为过来人的学习、生活和求职经验,还有她对海大的一句真情告白令我十分动容:风筝总会走远,但它的线头留在地上,炊烟总会飞远,但它的源头永远留在屋内,我们总会飞远,但脚步仍留在海大的校园。

这次采访之旅,让我了解到了更多的职业经历和相对应的经验,而这些经历和经验像浇花的水和施肥用的肥料一般灌溉着我内心对于未来职业选择的种子,我想,这就是我们本次社会实践——"行走中的工匠精神"所期望达到的目的吧,而我或许是第一批受到启发的学子之一,这段经历势必为我将来的人生路添加一分色彩!

21

团委学生组织团队　卢祥

卢　祥

　　男,中共预备党员,上海海洋大学2020级物流工程专业本科生,现任工程团委学生负责人、班级团支书;曾获上海市奖学金,多次人民奖学金一等奖以及"先进个人"称号,积极参与科创竞赛并获得多项省市级奖项,积极参加社会实践与志愿服务活动。

　　非常幸运能够在2022年暑期参与到"行走的工匠精神"主题教育访谈活动中,在最开始接到访谈通知时,我就对此活动充满期待与热情。

　　在本次活动中,我们收获到了诸多"干货"。我们访谈小组联系了多位优秀的学长学姐,他们其中有的已经是社会上的精英人士,有的仍在校园勤学奋进,发光发热,每一次的访谈对我来说都是一次深刻的学习,无论是学长学姐们的履历、经验,还是他们回忆校园生活时想到的经历与精神,无一不让我受益匪浅。学长学姐们给予了我们最中肯的建议,不仅让我们学会如何让大学的学习更加高效有力,同时也告诉我们如何让自己的生活更加出彩、更加青春。不仅如此,学长学姐们也对我们将来进入社会工作给予诸多建议,包括如何培养自己的核心竞争力,如何培养好沟通、创新、学习的能力等,他们用自己的亲身经历给予我们实质性的建议,在这些知识储备下,我相信,日后无论是校园生活还是步入社会,我们都会节省一定的时间和精力,能将时间和精力放在更重要的事情上。学长学姐们的建议与方法让我觉得未来可期,作为新时代的大学生,我们应奋发拼搏,无论什么时候都要积极向上,我们首先要完成好自己的学业,与此同时,我们要多多参与一些活动锻炼自身,培养自己的沟通能力、组织能力,这样在日后的生活中会更加顺利。不仅如此,创新精神也是我们必须具备的,只有不断开拓进取,我们才能在不断发展的社会中稳步前行;只有拥有自己的核心竞争力,我们才不会被时代淘汰。

除此之外,我们团队小组互相分工,共同完成访谈的过程也让我意识到团队协作的重要性,正值暑期,大家的空闲时间排不到一起,对此我们小组成员也非常配合,保质保量地完成了访谈工作,其中一位同学有事不方便时另外两位就会立刻协助帮忙,这更加让我体会到团队协作的重要性!

在本次访谈工作结束后,我对"工匠精神"有了更多的了解与收获,每一位校友都非常优秀,他们用自己的学习、工作、生活向我们诠释了什么是"行走的工匠精神",同时在他们的启发下,我们对未来的方向也更加清晰,目标也更加坚定,因此在未来的学习、工作、生活中我们一定会继续努力,不断进取,非常感谢学院给予我这次既是访谈同样也是学习的机会!

22

电气学生党支部团队　居孝渊

居孝渊

男，中共预备党员，上海海洋大学2020级电气工程及其自动化专业本科生，现任工程学院学生会负责人、20电气2班团支书；曾多次获人民奖学金一等奖、朱元鼎奖学金，以及"优秀学生干部""优秀团员干部"称号，曾获全国大学生数学建模竞赛上海赛区二等奖、APMCM亚太地区大学生数学建模竞赛全国三等奖，曾参与迎新、班助、花博会、品读海大、校运动会、院篮球赛、疫情防控、"行走中的工匠精神"主题教育访谈活动等多项志愿活动。

　　我很荣幸有机会参与工程学院"行走中的工匠精神"主题教育访谈活动，在这个暑假作为电气学生党支部采访团队的一员，对毕业的优秀校友进行访谈。

　　整个采访与后期文稿撰写整理持续了近两个月，在这两个月中，我进行了联络、采访、会议记录、文稿撰写等工作，体验了访谈活动中的每一个环节。从起初采访时难以打开话题、担心效果到最后的灵活应对、闲谈自如，这一过程锻炼了我的交流沟通、随机应变的能力。在访谈过程中，我们注重尊重与形象,与会的团队成员都会将摄像头打开,衣着整齐,传达对此访谈的重视;在访谈末尾,也会有团队成员提问的环节,让大家都有参与感与收获;在前期联络时,谦虚尊重是先行的,我们需要向校友阐明来意,详细告知活动背景并交予访谈大纲。文稿撰写是整个访谈活动中最重要的实体化成果,因此对于撰写工作的要求十分严格,在撰写时,需要我们字字珠玑、内容有取舍、重点不遗漏,经过反复几次审稿,最终敲定并给予校友审核。这是我从此次活动中收获的访谈技巧。

除了个人能力的提升外,此次访谈活动也给予了我很多关于毕业后升学、就业、岗位选择等方面的信息。毕业的学长学姐们结合自己的工作经历和社会阅历,十分亲切地向我们提出发展建议与期望,并向大家提供了很多提升自己的路径与选择,拓宽了大家的信息面。他们将自己的经验传授给了今后的海大学子们,他们对"工匠精神"的理解,也值得我们去深思和学习。

在与校友的交谈中,我明白了在选择就业前首先要明确自己的定位、兴趣爱好、特长技能,只有深入了解自己,才能做出最终岗位选择的决定,如此方能将热爱融于职责,又以职责孕育热爱。其次便是在工作中学习,在学习中实现人生价值,"学无止境"是很多校友谈到的话题,即使以优秀的成绩毕业,进入工作后还有很多需要我们去学习的地方,从书本上学到的知识是远远不够的,那时的我们要学会用知识去实践,去接触掌握新领域,不断拓宽自己的能力,如此才能胜任自己选择的岗位并得到提升。最后我们要响应国家的号召,紧跟时代需要,个人的发展离不开国家,身为社会中的一员,我们所进行的学习、工作都是建设国家的体现,为国家社会做贡献也是我们每个公民的义务;此外,紧跟时代与国家发展需要还是我们提升自身竞争力的重要途径,新政策、新战略必定意味着需要新人才、新力量,此时做好准备的人就已经获得了这个宝贵的机会。

少年当早觉,池塘春草梦,何不乘荫庇,迈步无畏行。

23

电气学生党支部团队　李扬濛

李扬濛

男,中共预备党员,上海海洋大学2020级电气工程及其自动化专业本科生,现任共青团上海海洋大学工程学院委员会学生负责人、20电气2班班长;曾获多次人民奖学金、多次"优秀学生干部""优秀团员干部"、青马工程培训班"优秀学员"称号;曾获"汇创青春"上海大学生文化创意作品展示活动一等奖、环境友好科技竞赛华东赛区一等奖、小挑战杯上海市三等奖、华数杯全国数学建模竞赛优秀奖。

随着新一学年的开始,本次"行走中的工匠精神"主题教育访谈活动也逐步落下尾声。在这持续一个假期的访谈中,我们十分有幸和海大工程学院各位优秀的校友深入交流联系,体会他们心中的"工匠精神"实质。

在每次访谈的开头,我们都会问出那个普通但又深刻的问题:学长学姐对于海大的印象是什么? 他们片刻思索后给出的答案,有朴实真挚的回忆堆砌,有凝练概括的总结,也有对于时间飞逝的感叹,百年校庆的烟花、志愿者身上的蓝马甲、专业课满分的成绩单、备战考试的无数日夜,种种构成了校友们对海大的回忆,也唤起了我们的共鸣。有校友将海大比喻成临港的世外桃源，是的，远离市郊的校园，辅以恬静安和的学习氛围，热情敬业的老师以及友善互助的同学，海大在校友心中是如此的美丽动人，在我们眼中也是。

离开校园后大家各赴前程，本次采访中有前往国家电网参与电网建设的马勇学长，有在实验室磨炼出一身本领后在发电机励磁技术领域发光发热的张冯归学长，有一路读研读博投身清华电池研究的陶晟宇学长，各位校友的优秀成绩在采访时给我们留下了深刻的印象，他们也用经验为我们绘制了一幅最贴切的路线图谱，让我们对未来形势、技能需求等有了更深刻的认识，这可能也是本次访谈活动的重要所在吧。

在问及校友心中的"工匠精神"内涵时，每位校友也都分享了基于自身情况的体会与总结。"抓住问题不放松，十分投入，不断钻研，务实求效，成就精品"，这是马勇学长从电网建设中为我们带来的答案；"探骊方得珠，实践以为先"，这是终日在实验室中不断实践的张冯归学长的答案；"认真、用心、简单、纯粹"，这是来自王舒学姐的回答。不同于网络词条中生硬的文字解释，每位校友以自己不同的角度为我们阐释了什么是"工匠精神"，如何践行"工匠精神"，正如校友所言：这和我们校训"勤朴忠实"的内涵很吻合。的确，百年海大的历史底蕴自然有"工匠精神"的积淀，而我们青年学生要做的就是不断挖掘藏于校训这句话背后的意义，我们不只是来海大"走一遭"，更要吸取属于海大的独特精神内涵。

24

电气学生党支部团队　凌欣晨

凌欣晨

　　男,入党积极分子,上海海洋大学2021级测控技术与仪器专业本科生,现任上海海洋大学蓝丝带海洋保护志愿者服务社社长一职,曾获上海海洋大学人民奖学金一等奖等奖项。

　　工匠精神,乃是职业道德、职业能力、职业品质的体现,是从业者的一种职业价值取向和行为表现。本人很有幸成为此次访谈队伍的一员,得以有机会接触各位杰出前辈,了解他们的学习之路和心路历程。

　　"工匠精神"的最根本内涵便是敬业,即爱岗善工,在自己追求的事业中拼搏奋进。这些优秀校友并没有为职位高低所左右,而是踏踏实实地在自己的岗位上勤勤恳恳,打好职业发展基础。他们的敬业正是对于职业的尊重与喜爱,是国家发展中至关重要的基础环节。无论是我们采访中遇见的上汽工程师还是电力所工程师,他们都在将理论知识付诸实践,在实战中打磨自己,把自己造就成更有本领的理论技能复合型人才。劳动者的基本义务便是劳动，这是丹书铁契的执行，是个体蓬勃发展的前提。

精益专注是"工匠精神"的外在体现，是他们身上最亮眼的性格。有自我，信自我，斗自我。明确自己的目标，专心致志才能做好每一件事。我们国家处在关键发展期，更要求新时代人才静下心来，精益求精，勇担重任。要使全体劳动者劳动效率提高，势必要求我们每个人都完成好自己的环节，尽心尽责。专注于自己的邻域，在自己的专业内大展身手，是对所谓匠心的最好诠释，也是无愧于青春的热血释放。

创新是"工匠精神"的突出特色。在现代化生产水平极大提高的大背景下，我们需要与生产制造智能机械竞争，这就要求我们打出特色。增强我们的创新能力与研究技术，才能增强我们的不可替代性和综合竞争力。在不远的未来，重复易操作的生产流程将会被机器人流水线替代，自动化的浪潮翻滚向前。只有不断开阔思路，对于各种情况都有合适的解决方案，才能以小见大，从根本上确保未知的种种问题得以合理解决。

"要想做好事需先做好人"，想成为一名优秀的劳动者更应该对劳动及职业有更为深刻的理解，我在访谈后更是对此深有体会。"工匠精神"并非是简简单单的四个大字，而是"绝知此事要躬行"的深刻觉悟。

25

电气学生党支部团队　童琳涵

童琳涵

女，入党积极分子，上海海洋大学
2020级测控技术与仪器专业本科生，现
任班级班长；曾获国家奖学金，上海市奖
学金，上海海洋大学人民奖学金一等奖
多次，iCAN国际创新创业大赛上海赛区
一等奖等奖项；荣获上海海洋大学"优秀
团员干部""优秀学生标兵"等称号。

这个假期，我有幸成为"行走中的工匠精神"主题教育访谈活动志愿者
团队中的一员，采访了很多毕业于海大的优秀学长学姐们，也在此过程中收
获颇丰。

受访的每一位校友都对母校有着尤为深刻的印象，他们在海大留下的
青春印记也值得我们去学习和思考。我们所学的专业知识覆盖面广，课程
与课程之间联系紧密，因此，及时巩固所学，并将其应用于后续的课程中于
我们而言是非常重要的。学长在受访过程中提道，在重视理论学习的同时
更要注重实践，仅仅理解书本中的知识还远远不够，只有亲身实践才能够进
一步拓宽我们的知识面，对书本中提到的知识点有更加深刻的理解。在学

习的过程中,我们也一定会遇到高低起伏、不顺心的时候,面对此类状况时,学姐建议道,要正视这些困难,并从中总结经验,才有助于我们强大自我,游刃有余地处理未来可能遇到的困境。

学习只是生活的组成部分之一,在四年的大学旅程中,我们也应该给自己的生活多增添一些色彩。学校为我们准备了非常完善的运动场馆,供我们在课余时间充分放松自己;丰富的社团活动也能够帮助我们找到自己的兴趣所在,充实校园生活。大学给予了我们足够的时间和空间找到自己理想的生活节奏和状态,我们应当去思考如何把握利用好这四年时间,挖掘自己的潜力。

四年过后,有些同学会选择直接就业,有些同学会选择继续深造,无论最终在分叉路口做出怎样的决定,都意味着我们向更高的地方迈进。时代在飞速发展,每个行业都可能拥有自己的周期性,因此,在往后的工作中,我们也要接受转型,不断学习,不局限于某一专业或某一行业,时刻为了可行性和可能性而准备,积极在实践中寻找意义和价值。

在本次的采访活动中,学长学姐为我们提供了宝贵的经验和建议,也让我们看到了他们兢兢业业、精益求精的优秀品质,他们在各自的领域发挥着自己的优势,在一次次工作项目中不断挑战自我,不断创新。恰逢海大110周年校庆,希望每一位海大人都能够在这里愉快地度过难忘的四年时光,找到自己的理想与目标,也祝福海大在未来能够越来越好!

后记

　　落笔余光中,幕幕闪烁,似遇见火光中王海滨的宽广胸怀,似看见雅鲁藏布江边王玉双的踽踽独行,似听见近春园畔陶晟宇的韬韬之声,勇敢、坚毅、奋斗、善良的海大人,昂扬向上,四处发光。

　　如此幸运在海大百十岁之际用"学子之声"为其庆生,我们认为,这样的祝愿是如此真诚、质朴。在完成编版后,走在海大园中,伴着秋风桂意,看尽繁花树木,静谧深沉,令人神往。看似静止的"海大七道门",此刻如鲜活的奔腾之流,向其周身的芸芸学子大展其广袤和深邃;三位创校先贤目光如炬,见证海大园变迁;质朴无垠的海洋开拓者紧握网具,探寻深蓝奥秘;青春澎湃的莘莘学子手捧书籍,享受先哲对话,"从海洋走向世界,从海洋走向未来",风云变化,初心如磐。

　　本文集从布局到构思都是在晏萍书记和郑宇钧副书记指导下完成的,文集统筹由丁国栋完成,最终校稿、润色由编写组的丁国栋、毕杨意、马骁娜、主翔宇、刘绵琦、邓德华、秦昊及优秀的志愿者完成,大家齐心协力,群策群力,终于有了这本展校友风采的访谈集。站在新征程的起点,我们满怀激动,我们将怀着"道阻且长,行则将至"的信念向着新目标继续坚定前行!

编写组于海大园

2022 年 11 月 22 日